金錢

是叫我們得生活，

並且得的更豐盛。

新米系列 001

破產上天堂 1

我的現金流

新米太郎 著

恆兆文化 出版

出版序

破產上天堂

許多人會說：

等我賺夠了錢，就去完成理想。

叫我們放棄內心呼喚而遷就現實的，

理由往往是財務上的不許可。

但是，真是如此嗎？

所謂的「內心呼喚」，是不是常常把逃避式的享樂當誤當志趣？

所謂的「現實」，是不是只是莫名其妙想擁有更多的錢？

我要錢，我愛錢，我需要錢。

但我更想要微笑著上天堂。

計算一下身上的錢距離上天堂還有多遠？

不能還沒有抵達天堂就破產；

也不能已經到天堂了才想起有些事還沒做。

作者序

趁年輕清算自己
一生的現金流

2、30歲的朋友們，曾想過「一生要花多少錢」嗎？
以工作35年，月收入4萬5計算，一輩子的薪資大約是2000萬；如果收入好一點月薪有6萬，一輩子的薪資可以有2700多萬……
很多人覺得如果可以賺到活到終老的生活費，並維持現在的生活水準也就夠了。但是，你是離開父母獨立生存嗎?如果不是的話，要不要數一數，完全靠自己經營生活，情況將是如何?

人的一生有三大成本。一是房子；第二是孩子；第三是養老金。

我不是從會計學理上的「現金流」來寫這本書的，會寫這本書一開始是基於個人的好奇——既然，人生的每個階段跟錢都脫不開關係，如果把「人生．金錢」拿來對照的話，現金流動的情形是如何呢？

以目前的收、支情況推演到我死亡(假設84歲)的那一刻，在沒有父母的房子與財產的支援下，我肯定撐不到上天堂就破產了！
以前我會因一小段時間的理財成功而沾沾自喜，但從資金周轉表看，現在我30幾歲還是處在儲蓄黃金期，如果運氣好，活得夠老，將來還會面臨到教育費壓迫期、存款停滯期、赤字期！……
說實在話，沒有自己試算看看，我還真不知道原來自己是會老的！而且，活得太老的話，許多相關的準備得愈充足，因為我可不想

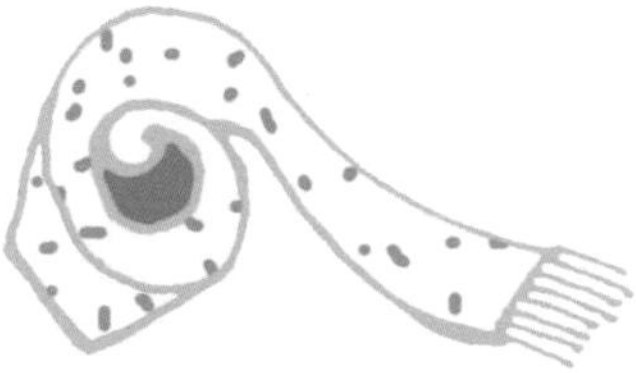

活得夠老，而必需拿「人瑞獎金」過日子。就這樣一步一步清算人生的花用與收入，對好多事情突然就積極起來了。比方存錢。

有關理財的書，市面上還沒有用「一生的現金流」來看財務問題的

你好奇父母是怎樣把我們養大，怎麼過他們一生的嗎？
由很多的數據看，未來我們面對的考驗要比父母輩們來得嚴峻，總體來說，父母那一代是在一個經濟成長的階段，只要順順利利的有份好工作，就可以養家活口領退休金享受老年社會福利；而我們的這一代則是經濟成長已經到達了一個難以再突破的情況，雖然社會上致富的機會很多，但你總得「有行動」「有想法」。想像父執輩一樣就「等」著，等著經濟一天一天成長，薪水一年年調高，幾乎是不可能的，也就是說，我們這一代處處是機會，但絕沒有等待，更沒有懶的權利，工作不能懶，理財也不能懶。

本書沒有列入父母親的財產，也就是假設你工作並獨立組成家庭、自己撫養小孩、自己購屋、自己存養老金的前提下你的一生現金流將是如何。或許，你的結論會跟我一樣「啊～～撐不到上天堂就破產了！」沒錯，這麼多費錢的事要全部自己來真是件不容易的事。這也就可以解釋，為什麼現在社會上年輕人大家有志一同都不太買房子、不太生孩子、不太結婚的原因。

除了人生三大成本，你是否還有夢想？還有什麼想完成的人生負擔？

曾經有位長輩嚴肅的問我「難不成，你覺得人生是場只是湊熱鬧的Ｐａｒｔｙ？」
厚！這真是大哉問！
我實在沒興趣去想是不是Ｐａｒｔｙ？是不是湊熱鬧，我只知道我有些小夢想，有些想幫地球的小心意想完成。
如果是為了錢的因素，讓自己的人生還沒有體驗那些美麗的未知世界就結束，那樣太沒意思了！
就像經營公司一樣，有了目標，就好好的規畫財務現金流吧！
就從我們能力範圍可及的地方開始吧！

新米太郎

CONTENTS

出版序

破產上天堂 006

作者序

趁年輕清算自己

一生的現金流 008

chapter 1

一生的現金流

第一節
認識屬於自己的世代 016

第二節
計算一生現金流的方法 018

第三節
收入——一生能賺多少錢 020

第四節
結婚——精簡到奢華 022

第五節
生活——你要過怎麼樣的生活 024

第六節
子女教養——每位500萬 026

第七節
養老金——每人1250萬元 028

第八節
基本生活計劃表 034

第九節
基本生活計劃表(雙薪範例) 038

第十節
基本生活計劃表(寄生貴族) 040

第十一節
基本生活計劃表(外商新貴) 042

第十二節
基本生活計劃表(頂客族) 044

第十三節
退休前的資金週轉 046

第十四節
退休後的資金週轉 050

第十五節
家庭該如何買保險 054

第十六節
壽險額度計算DIY 056

第十七節
新手如何購買保險 062

chapter 2

人生的三大成本

第一節
購屋好？租屋好？ 066

第二節
購屋，至少要有房價3成現金 070

第三節
孩子是負債嗎？ 074

第四節
早生、晚生跟現金流的關係 076

第五節
有孩子如何建立雙薪家庭 080

第六節
認識與孩子相關的社會福利 084

第七節
準備養老金，別說太早。 086

第八節
不同族群的養老金儲蓄法 088

第九節
單身，錢與健康很重要！ 090

chapter 3

活絡現金流鐵則

第一節
工作，強化現金流的源始 094

第二節
認識自己的市場價值 096

第三節
失業了，怎麼辦？ 098

第四節
善用方法儲蓄 102

第五節
區分活錢和死錢 110

第六節
有效率的節約 116

第七節
安排金錢使用順序 118

第八節
投資，使存款增加 120

第九節
用儲蓄做本，用投資生錢 124

第十節
由小額投資開始 128

第十一節
分散投資 132

第十二節
股票--國民投資工具 140

chapter 1

一生的現金流

人生的資金流通管理，

就從掌握數字開始

第一節
認識屬於自己的世代

對於2、30歲的人來說，清楚生命的周期，把握住人生的方向非常重要。

上面的這句話，好像是我們的爸媽甚至是阿嬤阿公才有的古訓。但，如果要比較，父執輩有沒有「人生計畫」，重要性反而不如我們這一代。！

怎麼說呢？

在那個年代，物資雖然缺乏，大家工作也都滿辛苦的，不過，隨著經濟愈來愈景氣，薪資也自動調升，定存利率在7%、8%左右，沒有信用卡沒有消費性貸款，錢用剩的就存銀行生利息。說到要買房子就從銀行、家人借點錢；女性結婚生子後離職帶孩子的很多，一般狀況下不太會有「非雙薪不可」的情況。換句話說，在父執輩的年代裡，他們不用在謀生之外再多去考慮些什麼，通常也能活得還不錯。

但是，我們這一代面臨的是什麼樣的經濟環境呢？

2005年國內受僱員工的平均薪資成長1.38%，但物價成長率卻成長了2.3%；定存利率只剩2%不到，跟物價指數相比，實質利率也是負數的。以上兩個數據明白的告訴我們，首先，調薪水準即使跟得上平均調薪的幅度，實質薪水其實是在縮水的；而即使你有閒錢並把它存在銀行定存，錢不但沒有增值反而是貶值的。很顯然的，我們是處在一個難以增加財富的年代。

相信很多家長都是拿了退休金在家養老的吧！很抱歉，這項福祉等到我們老了也可能會大大縮水，因爲退休金是根據同期的青壯工作人口所繳納的保費以養同期的老年人口計算的，但是，目前國內生育率已經降到只剩1.2(世代更替生育水準是2.1)，你有把握我們的下一代養得起我們嗎？！

總之，現在的時代不同。所以，請放棄父母的人生觀和價值觀，還有他們的生活方式。現在的時代，應該考慮自己在新的人生道路上應該怎樣生存下去。

父母與我們活在不同的世代

父母親的年代

上班了……
賺錢了……
打拼……
景氣up up

我們的年代

薪資，
被通膨侵蝕
成負數。
學貸，
一出社會就
負債。

他們的生活

傻傻的就能過
順著大環境，
認真工作就有希望—
買

我們的未來

要有自己的路
學歷虛胖、全球化競爭，
要懂得定位自己的位置—
買

第二節
計算一生現金流的方法

企業有所謂的「黑字倒閉」，也就是明明公司是賺錢的，但現金周轉不靈的時候還是會倒閉。家庭也一樣，即使你不動產很多，現金周轉困難同樣日子難過。更要緊的是，企業可倒閉，但家計即使出現赤字，日子還是要生活下去。

現金流大事紀

說到要掌握家計現金流，大家一定會覺得困難度很高，其實，如果我們把一生跟錢有關的事依照事件的發生機率做分類，事情就簡單多了。首先，先找出那些事情是：

·今天有的事情明天還會有。

·今年有的事情明年也會有。

·過去十年內發生的事，將來十年內也會有。

這就是一生中必定會發生的最高機率組，其具體項目有那些呢？

從現在的薪資狀況可以預測將來的薪資；從現在的生活消費水準可以推測將來的生活費用；而目前的薪資，從某種程度上也決定了退休金額。此外，就是你想要幾個孩子？期望給他們過什麼樣的生活？受什麼樣的教育？最後，就是老年退休之後你自己期盼有什麼樣的生活。

以上的事件一條一條計算出來，人生現金流的大事記就掌握的差不多了。

至於失業、生病、交通事故和天然災害等，這些風險性的問題我們就把它歸在「低機率組」。「低機率組」的費用，是以「社會保險」和「商業保險」的形式在每個月的生活費中扣除。你計畫在生命的每個階段要進行什麼樣的保險規畫？這個數字也不難找出。

所以，要著手計算一生的收、支現金流其實並不難。

總之，我們把發生機率高的（工作、結婚、生活、孩子、養老）做成生活計畫表，發生機率低的以保險費用形式列入生活費用，就可以製作出屬於自己的生活計畫表，計算一生現金流。

用數字預測人生

高發生機率組 ……

低發生機率組 ……

Column

社會保險

由企業所領的每一份薪水，已經以不同形式扣除這些社會保險與社會福利，最顯而易見的就是扣除健保、勞保！這些加加總總都可算是社會保險的一環。

社會保險是筆不少的開銷，但是不管怎麼說，這是十分重要的支出。

第三節

收入——一生能賺多少錢

為了能計算出「基本生活計畫表」的數字，以下逐一把高機率組項目的金錢進出做了預估。項目與金額僅供參考，並且不考慮時間的變數。

工作 一生能賺多少？

有工作才有薪資。假設從二十五歲工作到五十九歲（六十歲退休）工作三十五年，按照月平均收入（扣稅與保險之後的純收入）試著做成表。例如，一個月的月收入是4萬元，一年收入是13個月，一生的收入就是1,820萬。

如果你還沒開始上班，可以參考行政院主計處所統計的平均薪資，預估自己未來的收入。

不管公司營運或是個人的家庭收支，最基本的算法一定是「收入＞支出」，所以掌握總純收入額是非常重要的事。未來所有的規畫都要在自己收入的範圍內製作生活計劃。

● **各業受雇員工每人每月平均薪資**

	行業別	月薪資
工業	礦業及土石採取業	45,297
	製造業	40,611
	水電燃汽業	90,711
	營造業	37,921
服務業	批發及零售業	40,129
	住宿及餐飲業	25,141
	運輸倉儲及通信業	51,704
	金融及保險業	66,743
	不動產及租賃業	40,006
	專業、科學及技術服務業	52,833
	醫療保健及服務業	55,638
	文化、運動及休閒服務業	41,257
	其他服務業	30,489

資料來源：行政院主計處

http：//www.stat.gov.tw　2004年度

算算收入能有多少……

》》35年的工作所得(單位：萬元)

平均每月收入	平均每年收入	60歲退休的總收入
2.5	32.5	1137.5
3.0	39.0	1365.0
3.5	45.5	1592.5
4.0	52.0	1820.0
4.5	58.5	2047.5
5.0	65.0	2275.0
5.5	71.5	2502.5
6.0	78.0	2730.0
6.5	84.5	2957.5
7.0	91.0	3185.0
7.5	97.5	3412.5
8.0	104.0	3640.0

註:
① 獎金每年1次，每次一個月　② 薪水一直保持不變　③ 從25歲工作到59歲

Column

實際收入

指扣除勞、健保與相關的扣除項目後，最終能讓自己自由支配的金額。

第四節
結婚——精簡到奢華

結婚費用的預估上下落差很大，可以按照理想設計想要的婚禮，但千萬不可以完全忽略。也就是說，即使你非常篤定將來只要很簡單的公證結婚，也要事先就把「公證，預算2000元！決不改變！」提列出來，千萬不能打迷糊仗，以爲只要小倆口喜歡，應該其他就不成問題，因爲現代新人(或者是雙方家人、親友)似乎都被媒體與廣告教育成非得有個大鑽戒、非得有個體面的婚紗照、浪漫的儀式不成。而許多看似已經很不跟得上時代的禮數，往往臨到婚前又全被端上檯面。所以，很多新人會爲了面子或家人的壓力到了最後一刻才知道原來結一場婚得花那麼多錢！負債辦婚禮最不划算。

此外，也別對「禮金可以抵掉辦婚禮的錢」存在幻想，除非你已經把預算全控制好了。如果還沒結婚，建議你現在就拿筆一條一條的仔細算一算吧。通常，30萬是跑不掉的。

● 喜宴行情/桌

辦桌3,000～8,000
飯店8,000元起跳
星級飯店10,000元起跳

● 新人房

購屋	無上限
傢具	無上限
裝璜	無上限

● 喜餅行情/盒

一般400元上下
好一點的600元
體面的約800
豪華約1200
做足面子的1500～1800
視女方要求盒數，一般約60～100盒

結婚費用數一數……

	分類	精簡有力組	實惠大方組	體面周到組	豐富浪漫組	金鑽豪華組
●訂婚花費	提親花費	5仟	1萬	3萬	5萬	10萬
	選日擇期	0	2仟	1萬	2萬	6萬
	訂婚宴(女方)	2萬	10萬	20萬	30萬	60萬
	紅包	5仟	1萬	3萬	5萬	10萬
●結婚花費	聘金	看誠意	看誠意	看誠意	看誠意	看誠意
	嫁粧	看誠意	看誠意	看誠意	看誠意	看誠意
	酒席	5000元 12桌	8000元 20桌	10000元 20桌	15000元 20桌	20000元 20桌
	喜餅	400 100盒	600 100盒	800 100盒	1仟2 100盒	1仟8 100盒
	儀式	2仟	3仟	5仟	6仟	1萬
	新娘祕書	0	5仟	1萬2	2萬	3萬
	婚紗包套	1萬	4萬	8萬	10萬	20萬
	金飾戒指	3萬	10萬	20萬	50萬	100萬
	六禮頭尾	0	1萬	2萬	5萬	8萬
	喜帖	2仟	3仟	1萬	3萬	8萬
	蜜月	6萬	10萬	12萬	18萬	20萬
	工作人員紅包	1萬	2萬	8萬	15萬	20萬
	禮車	5仟	1萬	5萬	12萬	20萬
	交通・雜支	1萬	2萬	4萬	6萬	10萬
	合計	25萬9仟	65.3萬	116.7萬	205.6萬	354萬

第五節

生活——你要過怎麼樣的生活

右表是都會區一般上班族的生活費行情，請根據自己的生活狀況或參考右表數字數一數，餘生會花掉多少生活費。

一般說來，居住的型態會決定攤分到每一單位人口的生活費是多少，例如，單身跟父母同住與單身單獨生活，在相同的生活水準之下，兩者的生活費相距甚大。另外，婚後有孩子跟沒有孩子差別也很多。

四種基本生活型態

單身和父母生活—

單身和父母一起生活最大的優勢在於可以節約居住費用。基本生活費也可以省很多。

單身單獨生活—

與父母一起生活不同，房租和基本水電等開銷需要自己支付。

婚後無孩子(頂客族)—

很多人新婚期間還是租房子住或與父母同住，但婚後一段時間就想買自己的房子，離開父母獨立生活。

婚後有孩子—

孩子出生後，隨之而來的開銷很多，不少人爲了孩子的因素決定買房子或換房子、買車子並加買保險。

因爲「孩子費用＝孩子所有的開銷」需要一大筆錢，所以這裡所提的生活費，只計算孩子的基本生活開支，就學、補習等就在子女教養費計算。

樂當移民族

居住地區不同生活費就會差很多，雖然中國人安土重遷，但是比較合理的方式是視階段性的需要而搬遷到不同的區域。例如，孩子需要上學自己也要上班住在都會區很恰當，但如果已經退休了，搬到郊區居住條件好生活費又便宜反而可以多過好幾年悠哉生活。即使是青壯時期，也未必就非得住都會區不可，若工作許可，住鄉下整體消費便宜空氣又好，反而不必拚命的工作也能過上好生活。

四種生活型態每月基本生活費

單身和父母生活

零用錢	6,000元
手機花費	1,000元
伙食費	3,000元
給父母的生活費	5,000元
合計	15,000元

單身單獨生活

零用錢	8,000元
電話費 上網費	2,000元
租金	10,000元
水電等	1,000元
其他雜費	2,000元
合計	22,000元

婚後無孩子(2人開銷)

零用錢	10,000元
電話費 上網費	3,000元
伙食費	8,000元
租金（或者住房貸款等）	15,000元
水電	2,000元
汽車花費	5,000元
保險費	4,000元
醫療費	1,000元
其他雜費	3,000元
合計	51,000元

婚後有孩子(一家人開銷)

零用錢	12,000元
電話費 上網費	3,000元
伙食費	10,000元
租金（或者住房貸款等）	18,000元
水電	3,000元
汽車花費	5,000元
保險費	6,000元
醫療費	2,000元
其他雜費	5,000元
合計	64,000元

註：
①房屋費按都會區小家庭坪數計算　②汽車費用包括保險和停車費。不包含購車相關成本。　③假設有了孩子，很少在外面吃飯，一般在家裏吃。　④小孩教養費用不在此。

第六節

子女教養——每位500萬

本文計算教養費的方法是：

第一段：先掌握基本教育費與生活費。

第二段：把學齡前、才藝(補習)、其他教育等以專案方式再往上加。

● 基本教育費－－幼稚園到大學

類別	就讀年	公立	私立
幼稚園	2年	(全日制) 20,000	(全日制) 58,000
小學	6年	1,044,000	1,680,000
中學	3年	264,000	600,000
高中	3年	420,000	450,000
大學	4年	1,200,000	1,440,000
合計		2,948,000	4,228,000

資料：一般市場調查

● 基本生活費－－0～22歲

類別	金額
出生到22歲的生活費	800,000

註：

伙食費、雜費、零用錢。每月每人以3000元計。

● 專案1－－學齡前

類別	金額
家庭保姆或專業保姆 (0～6歲)	1,440,000

註：

每月2萬元為基礎，含保姆、、尿布、零用。城鄉保姆費會有所不同。

● 專案2－－才藝・補習費

類別	金額
補習，才藝	600,000

註：

從出生到大學畢業，包括語文、樂器、安親班、學業補習一般都會區最基本的行情。

● 專案3－－其他教育

類別	金額
大學生活(4年)如果租房	480,000
大學如果是私立醫學院	980,000
如果是海外留學碩、博士	1,000,000 ／年

註：

1 房租以一個月一萬計

2 私立醫學院學費以7萬元／一學期計

0～22歲子女教養費概估

類別	費用
從幼稚園到大學的學費	3,600,000
出生到22歲的生活費	800,000
補習費，其他才藝費	600,000
合計	5,000,000

註：
1 學費採公、私立各半的約數。
2 伙食費、雜費、零用花錢，每月每人3000元。
3不計算學齡前的保姆費。

Column

教養費計算

500萬／孩子！這數字有人覺得估得太便宜了，因為一般保險公司都以1,000萬為基礎計算。

不過，花多少錢與教養孩子的結果並非正相關，就都會區的孩子而言，父母所能提供的愛與時間反而是他們的奢侈品。

另外，與其填鴨式的補習這個補習那個，還不如讓孩子空下腦筋，培養獨立思考能力。

第七節
養老金——每人1250萬元

養老最大的特色就是除了「退休金」外，就是必須靠存款過日子。

以歐美的退休計畫爲依據的話，退休金規畫應以「所得替代率70%」爲目標。也就是說，如果夫妻倆退休前的月收入是10萬元，那麼退休後應該要存到能支應每月有7萬元的生活費才是安全的。如果從這個標準來計算，假設60歲退休，活到84歲這二十五年內的生活費是2100萬(7萬×12個月×25年)。

養老，不只是吃穿而已

右邊我們統計了一下退休生活支出項目，以一對夫婦計算，含房屋的費用大約也是7萬元。如果年輕時已經買了房子也繳清貸款，費用當然可以省掉很多。不過，也要計算到房屋管理費、維修的費用才好。

另外，老了難免要生病，如果以25年的老年生活來說，假設夫妻倆各開一次刀每次費用10萬，總共是20萬。平均每人每年住院(含健康檢查)4天，兩人一共住200天(4天×25年×2人)，住院費一天是2,000元，一共是40萬元。

以兩個人每年花15萬一次出國旅行，25年一共會花掉375萬。

加總生活費，夫妻倆準備2仟5百萬的退休金是很合理的。(見右表)

這一代能拿多少養老金？

我們這一代（20～30歲）能拿多少養老金？

這非常重要。

退休金是人生三大成本中最「貴」的一項，它分成三大支柱建構起這筆龐大的需求。

第一支柱是：政府所實施的社會福利，目前說來就是勞保老年給付；第二支柱是：企業所提供的勞工退休金；第三支柱：個人儲蓄。

要清楚還有多少退休金準備的缺口，要先學會自己估算第一、第二支柱能提供多少錢。

60～84歲25年的養老金（夫妻倆）

● **每月生活費**

零用錢	6,000
通信費	3,000
伙食費	12,000
房租（或住房貸款等）	25,000
水電	3,000
汽車交通費用	5,000
保險費	5,000
醫療、健身費	8,000
其他雜費	3,000
合計	70,000

● **其他 （醫療＋旅行）**

開刀	20萬
住院	40萬
旅行	375萬
合計	435萬

註：
①房屋費按都會區一般價。
②選一般的汽車。
③伙食主要在家自己做。
④每天有固定健身習慣或吃營養補充品（住院除外）。
⑤25年養老期間，兩人各開刀一次。每人住院100天。

生活費　7萬×12個月×25年＝2100萬
＋
其他費用　435萬
＝
養老金　**2500萬**

Column

個人所得替代率

所得替代率公式是將退休後每月所得除以退休前每月所得的比例。可視為退休後生活品質的重要指標。

由勞委會所計算的資料顯示，以30歲參加，60歲退休，報酬率4%計算。我們的所得替代率是：

勞退新制：24.8%

勞保老年給付：16%

合計：40.8%

第一支柱:勞保老年給付

勞保老年給付計算公式是：加入勞保每滿一年算一個基數，超過十五年，其超過部分每滿一年算兩個基數，最高達45個基數。

基數乘以退休前三年的平均薪資就是你可以拿到的勞保老年給付。如果你是40歲加入勞保，60退休，累計勞保年資爲20年。退休之當月起前三年之平均月投保薪資是4萬元。

可以拿到的老年給付是：4萬元×35個基數＝140萬元

第二支柱:勞工退休金

新制退休金得視當時退休基金操作的投資報酬率而定。以勞委會精算版本爲例，月薪4萬的上班族，每年固定調薪3％、退休金提撥率6％，當退休基金年報酬率爲6％時，20年後勞工退休每月可領10,063元。不過，萬一，退休基金操作的投資報酬率只有2％，20年後勞工退休就只有4,803元的月退金。相差很遠吧！

政府規定勞工退休後月退金是「活到老領到老」，但若在82歲之前死亡，未領完的退休金就當成遺產，所以，我們可以做如下的試算：

退休金樂觀預期6%：

10,063元×24年×12個月

＝2,898,144

約等於289萬

退休金悲觀的預期2%：

4,803元×24年×12個月

＝1,175,904

約等於117萬

（註：這是方便計算的方式，未來退休金只能「月領」，無法一次領。）

下一頁的表格是採用「樂觀預期」試算的退休金對照表。你也可以在網路上查詢「勞工個人退休專戶試算表」試算自己可領多少退休金。

或許有人看了這個數字會覺得「想不到我可以領這麼多……我應該不用擔心退休後的生活了。」不過，計算結果不能保證它就是將來的養老金額。

也就是說，這套制度並非不變。

因爲養老制度是年輕一代向退休的老人支付生活費。

但是，未來的結構是人口老化嚴重，這一代生育率降低的結果，未來退休金會如何也很難說，只能當參考值。

存養老金的三階段

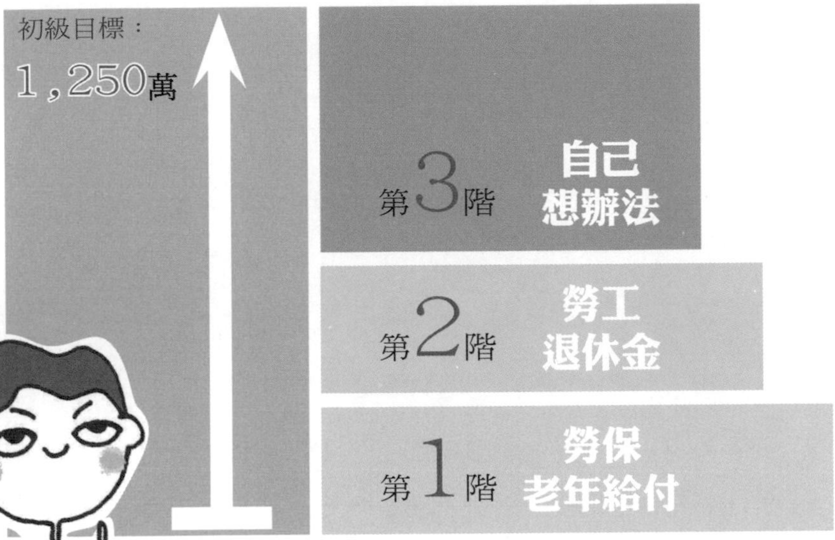

最低目標：1,250萬
期望多存養老金的人，算一算老年給付與退休金，不足的部份就是要自己想法子。

Column

其他國家的所得替代率

根據經濟合作發展組織統計，所得替代率各國不一，盧森堡高達109％，但愛爾蘭僅有36％、紐西蘭39％，美國也僅有51％。

勞工退休金 年齡／薪資／金額 樂觀預期表

加入年齡	工作年資	薪資30,000		薪資40,000	
		月領	活到84歲總領	月領	活到84歲總領
20	39	30,548	8,797,824	40,672	11,713,536
22	37	26,571	7,652,448	35,369	10,186,272
24	35	23,046	6,637,248	30,686	8,837,568
26	33	19,938	5,742,144	26,535	7,642,080
28	31	17,186	4,949,568	22,876	6,588,288
30	29	14,759	4,250,592	19,656	5,660,928
32	27	12,623	3,635,424	16,819	4,843,872
34	25	10,746	3,094,848	14,309	4,120,992
36	23	9,086	2,616,768	12,104	3,485,952
38	21	7,633	2,198,304	10,170	2,928,960
40	19	6,360	1,831,680	8,464	2,437,632
42	17	5,236	1,507,968	6,974	2,008,512
44	15	4,254	1,225,152	5,671	1,633,248
46	13	3,398	978,624	4,535	1,306,080
48	11	2,655	764,640	3,535	1,018,080
50	9	2,003	576,864	2,669	768,672

薪資50,000		薪資60,000		薪資70,000	
月領	活到84歲總領	月領	活到84歲總領	月領	活到84歲總領
50,935	14,669,280	60,981	17,562,528	71,393	20,561,184
44,290	12,755,520	53,027	15,271,776	62,100	17,884,800
38,419	11,064,672	45,999	13,247,712	53,866	15,513,408
33,238	9,572,544	39,797	11,461,536	46,589	13,417,632
28,647	8,250,336	34,302	9,878,976	40,165	11,567,520
24,606	7,086,528	29,464	8,485,632	34,501	9,936,288
21,052	6,062,976	25,202	7,258,176	29,511	8,499,168
17,925	5,162,400	21,452	6,178,176	25,123	7,235,424
15,160	4,366,080	18,158	5,229,504	21,242	6,117,696
12,736	3,667,968	15,249	4,391,712	17,841	5,138,208
10,595	3,051,360	12,704	3,658,752	14,857	4,278,816
8,726	2,513,088	10,459	3,012,192	12,246	3,526,848
7,091	2,042,208	8,498	2,447,424	9,964	2,869,632
5,665	1,631,520	6,787	1,954,656	7,957	2,291,616
4,425	1,274,400	5,301	1,526,688	6,213	1,789,344
3,336	960,768	3,997	1,151,136	4,701	1,353,888

資料：勞工個人退休專戶試算表；基本資料設定
個人退休金投資報酬(年)：6%　個人薪資成長率(年)：2%　退休金提撥率(月)：6%

第八節

基本生活計劃表

前面我們已經把一生的收、支列出大概，你可以對照書上所提供的數字或是依照自己的實際需求把數字估算出來。有了這些基本數字就可以開始塡寫「基本生活計劃表」。

透過基本生活計畫表就可以大略掌握一生的現金流動狀況。

這裡的基本生活計畫表是以企業會計中的「保守主義原則」爲基礎設計的，也就是「收入預測偏低、支出預測偏高，從而預防資金短缺」的概念，所以，退休金的部份就以目前的社會制度所提供的金額1／2計算，至於加薪、物價指數調升、轉職等則先不計算在內，也就是以目前的情況與現在的希望爲依據。至於生病、失業、意外等風險規畫則以保險形式列在生活費中，將於本章第十五、十六、十七節中說明。

在塡寫之前，請先看看範例。

28歲，竹科工程師，大雄

大雄單身，一個人在外租屋，房租1萬，年收入75萬(月薪5萬，2個月的年終與其他獎金)，目前存款是20萬元。他計畫32歲成家，目標35、37各生一個小孩。他希望這幾年打拚一點，妻子在孩子出生後可以在家當全職的主婦。

大雄跟同齡同事相比，財務狀況已經算是優等生了，自己也曾經趁著假日到附近工地看房子，可是算算存款目前實在還是買不起房子，以前父母收入也沒有他現在水準高，他們都能順利的結婚、生孩甚至早早就購屋，究竟他有沒有這種條件呢？

填了基本生活計畫之後……

(見次頁)出現了四千多萬的的嚴重赤字！

由此可見，什麼都不去考慮胡亂選擇的人生，未來生活的現金流可能會出現大問題！

大雄必須重新思考，怎麼經營人生才比較合理。所以，他訂了克服赤字計畫。

基本生活計劃表

存款			填目前的存款金額
收入	薪資		填總收入。
	養老金		填預期的退休金總額 （建議以現行制度再乘以1／2）。
存款＋收入 合計 ①			
支出	生活費用		填從現在起到59歲的生活費。
	結婚費用		參考《結婚花費表》，輸入金額。
	小孩費用		基本的一個小孩×500萬。
	養老費用		基本的一個人×1250萬。
支出 合計②			
結算	①－②＝		

顯然的，最有效的辦法是讓妻子不因生產帶孩子而停止工作。

假設大雄未來的妻子小他2歲，在接下來30年內，平均每月收入3萬元，30年的工作下來就有1080萬。因為有工作，妻子自己的勞保老年給付與退休金就可以有機會取得。

還有其他合理的克服赤字的辦法。比方說，四年結婚後應該可以爭取到每月多3萬元的收入。為了財務安全，生兩個孩子的計畫就改成生一個！

再來，生活費降低個10%應該不是很困難的事情吧！而這四年努力存頭期款，讓自己有能力買房子，把房租預算變成房貸支出，退休後有自己的房子，就可以削減10%的生活費了……

如此，用現金數字來思考，對人生的重要決定與努力的目標就有具體的概念，接下來幾節，有幾個範例可當成大家的參考。

大雄克服赤字計劃

財務變化	想法
＋1080萬元	・妻子 妻子保留工作，以收入3萬元計，如果結婚對象是30歲，到60歲退休，收入就有：3萬×12個月×30年＝1080萬
＋280萬元	・妻子的養老金 勞保老年給付：3萬×45個月＝135萬 勞工退休金：425萬 (135萬＋425萬)×1／2＝280萬
＋1092萬元	・努力增加薪資 32歲之後爭取到月薪調高3萬元。 3萬×13個月×(60－32)＝1092萬元
＋370萬元	・生活費削減10% 原先是3763萬×10%＝370萬元
＋250萬元	・退休後生活費削減10% 原先是2500萬×10% ＝250萬
＋500萬元	・孩子生一個就好 再少500萬
＋3572萬元	合計

基本生活計劃表

竹科工程師，大雄

類別	項目	金額	說明
存款	定存	20萬	目前的存款
收入	薪資	2508萬	自己薪水：年收入75萬×(60－28)歲＝2400萬 妻子薪水：假設年收入36萬×3年＝108萬
	養老金	525萬	勞保老年給付：5萬×45個月＝225萬 勞工退休金：825萬 (225萬＋825萬)×1／2＝525萬
存款＋收入 合計 ①		2945萬	
支出	生活費用	4000萬	單身／28－32：4年×12個月×2萬2＝105萬8 頂客／32－34：2年×12個月×5萬1＝122萬4 有子／35—84：49年×12個月×6萬4＝3763萬2 →105萬8＋122萬4＋3763萬2＝約4000萬
	結婚費用	60萬	辦一場「實惠大方」的婚禮吧！
	小孩費用	1000萬	2個小孩×500萬＝1000萬 基本的一個小孩×500萬。
	養老費用	2500萬	夫妻一起活到84歲， 基本的一個人×1250萬。 ＝1250×2＝2500
支出 合計②		7560萬	
結算	①－②＝	2945－7560＝－4615萬	

第九節

基本生活計劃表(雙薪範例)

42歲，公務員，鬥志

鬥志，42歲；妻子，38歲；小孩，8歲。

鬥志月收入6萬，獎金2個月／年，年收入84萬；妻子月收入4萬，獎金2個月／年，年收入56萬。房貸每月2萬8。0存款。

填了基本生活計畫之後……

也是嚴重的赤字！

年過40的雙薪家庭沒有任何存款，他們的理由是因爲剛購買了房子，由於考慮老年的生活，所以購屋時選了在退休之前就能繳清房貸的方案，把房子當成是養老金的一部份投資。不過，沒有看到任何的現金與動產，對這對公務員夫妻而言還是充滿不安。

爲了在自己還有能力之前把存款補足，夫妻參加升等考試、降低生活費都是「只要再努力一點」就能達成的希望。此外，他們對孩子的教育有較高的期待，希望在基本的教育費之外，再準備至少200萬讓孩子有出國留學的機會。所以，現在與退休後都以削減生活費15%爲目標。

鬥志家庭克服赤字的計劃

財務變化	想法
＋1142萬	房貸還12年就繳清。假設到84歲死亡至今還有46年，所以有34年的時間是不需每月繳2.8萬的，可省掉：34年×12個月×2.8萬＝1142萬
＋345萬	削減生活費15% 2304萬×15%＝約345萬
＋375萬	降低退休生活費15% 2500萬×15%＝約375萬
＋80萬元	孩子已經8歲了，可以扣掉一年10萬元的已支出教養費一共是80萬。
＋108萬	丈夫參加公務員升等考。目標是月收入加5000元。當成退休基金。 5000元×12個月×(60－42)歲＝108萬
＋1675萬元	合計

基本生活計劃表

公務員，鬥志

存款		0萬	目前0存款
收入	薪資	2744萬	自己薪水：年收入84萬×(60－42)歲＝1512萬 妻子薪水：年收入56萬×(60－38)年＝1232萬
收入	養老金	541萬	自己(40歲才加入新制)： 勞保老年給付：4.2萬×45個月＝189萬 勞工退休金＝365萬 妻子(36歲才加入新制)： 勞保老年給付：4萬×45個月＝180萬 勞工退休金＝348萬 (189萬＋365萬＋180萬＋348萬)／2＝541萬
存款＋收入合計 ①		3285萬	
支出	生活費用	2304萬	以妻子為主到84歲，還有84－38＝46年。 36年×6萬4元＝2304萬
支出	結婚費用	0萬	
支出	小孩費用	500萬	基本的一個小孩×500萬。
支出	養老費用	2500萬	夫妻一起活到84歲＝1250×2＝2500 基本的一個人×1250萬。
支出合計②		5304萬	
結算	①－②＝	3285－5304＝－2019	

第十節

基本生活計劃表(寄生貴族)

22歲，單身敗家女，Julia

Julia單身，月入3萬，工作三年多了在家吃住，沒負擔家用，也沒存款。

Julia曾經搬出去獨立住，但房租、水電還有伙食開銷幾乎月月入不孚出所以回家。最大的希望是找到忠厚多金的好男人結婚。她不想上班多賺錢也不想降低生活水平。

填了基本生活計畫之後……

－800萬！好像沒有想像中的「淒慘」嘛！不過，如果一輩子沒有遇到合適的結婚人選，結果將會怎樣？

第一，父母的房子肯定已經破舊到無法居住，所以，遲早還是得面臨房子的問題，除非可以擁有大批遺產，否則好命也只會是一個過渡時期。

第二，不喜歡上班，如果找到有錢貴公子也許可以一次解決所有問題，可是在還沒有如願實現之前，還是先試著當個自立自強的女人比較踏實吧！

寄生蟲的蛻變物語

Julia沒存款沒競爭力如何獨立？

首先要建立起基本的危機意識，寄生貴族表面上可以花用的錢就是所有的收入，但這種「優惠」是有時效性的。她應該利用這種「限時優惠」趕快存錢，目標是兩年50萬。

第一桶金存到後可以先買300萬以內的小套房，逼自己獨立並開始建立資產部位。五年後如果Julia順利找到理想的另一半，原有的舊房子可以出租，每月固定收租金，不管八仟一萬都是厚實家計的得力幫手。

所以，年輕的時候塡寫生活計畫表，了解一生的現金流並按著數字安排生活是寄生貴族一步一步走向富裕之路的重要轉折。即使買房子和結婚不在計劃之內，但只要具備了基本的理財思路，不管未來繼續單身還是與另一半共組家庭都能富裕有餘。

基本生活計劃表

寄生貴族，Julia

存款		0萬	目前的存款
收入	薪資	1368萬	自己薪水： 年收入36萬×(60－22)歲＝1368萬
	養老金	450萬	勞保老年給付：3萬×45個月＝135萬 勞工退休金：765萬 (135萬＋765萬)／2＝450萬
存款＋收入合計 ①		1818萬	
支出	生活費用	1368萬	3萬×12個月×(60－22)歲＝1368萬
	結婚費用	0萬	不想想
	小孩費用	0萬	不想想
	養老費用	1250萬	基本的一個人×1250萬。
支出合計②		2618萬	
結算	①－②＝	1818－2618＝－800萬	

第十一節

基本生活計劃表（外商薪貴）

30歲，多金雅痞，大明

大明在外商銀行上班，30歲，月收入7萬，年薪150萬；有儲蓄150萬，房租2萬，每月吃飯開銷3萬。熱愛工作，對升遷很有信心。

填了基本生活計畫之後……

結餘1501萬元。

大明的薪資收入高，所以還可以剩下近1仟5百萬的餘額，看起來似乎可以「高枕無憂」了。

但處在高壓力而且新人輩出的金融圈，卻常有用健康換工作之慨。偶而會萌生想早點退休的念頭。

學財經的大明也開始意識到，單身時期是最佳的存錢時期，充滿未知數的將來，誰也很難保證那一天就眞的七早八早退休了，遇到好對象也想結婚了，也想買房子了……。所以，他做了一張更改計畫。

大明的基本生活更改計劃

財務變化	想法
－150萬	購屋 存款拿去當頭期款。房租拿去繳房貸
－304萬	提早10年退休　50歲退休 勞保老年給付：4.2萬×35個月＝147萬 勞工退休金：427萬 (147萬＋427萬)／2＝約287萬 比原先少591－287＝304萬
－500萬	保險 年繳20萬，25年的保險＝500萬
－120萬	結婚 體面周到的！預計120萬
－500萬	生子 生1個孩子
－1574	合計

基本生活計劃表

金融雅痞，大明

存款	股票 基金	150萬	目前的存款
收入	薪資	4500萬	自己薪水：年收入150萬×(60－30)歲＝4500萬
	養老金	591萬	勞保老年給付：4.2萬×45個月＝189萬 勞工退休金＝993萬 (189萬＋993萬)／2＝約591萬
存款＋收入 合計 ①		5091萬	
支出	生活費用	2340萬	6.5萬×12個月×(60－30)歲＝2340萬
	結婚費用	0萬	不想想
	小孩費用	0萬	不想想
	養老費用	1250萬	基本的一個人×1250萬。
支出 合計②		4840萬	
結算	①－②＝	5091－3590＝1501萬	

不希望一輩子為錢工作，我 要重新定義我的未來。

第十二節
基本生活計劃表(頂客族)

36歲，頂客族，沙織

丈夫36歲，月收入5萬（年薪65萬）；妻子30歲，月收入4萬（年薪52萬），養車月付1.5萬。兩人存款10萬元。他們很想要有自己的房子。過去感覺起來收入很寬谷，所以花費很高，可以算是過奢侈的生活，不想要孩子理由是擔心孩子會影響生活品質。

填了基本生活計畫之後……

沙織最近覺得老大不小既沒房子也沒存款，開始有不安全感，在製作基本生活計畫表，心態上也希望有孩子，但仔細想想，若同時想規畫購屋又想要有孩子，金錢的規畫勢必重新制定。

此外，企業裁員頻傳也讓夫妻大感壓力，所以，生活步調想重新來過，於是，他們試著把原先預估的672萬退休金歸0，賣掉車改搭大眾交通工具並規畫十年內不再購車。過去沙織的理財偏重在動產與保險，但爲了穩定財務架構與迎接小寶寶，購屋成了必要的選項。

看看自己的資金周轉表，覺得之前的生活實在頗浪費，正值存錢黃金期若不好好把握，就太可惜了，所以，夫妻決定一面節約一面加強理財。

沙織的基本生活更改計劃

財務變化	想法
＋180萬	賣掉車，每月省1.5萬。以十年計，可省掉180萬
＋275萬	生活費省15%，以十年計，可省275萬
－672萬	原先預估的社會保險費不計。
－500萬	生一個孩子
0萬	儲蓄保險＋房租，轉換成購屋基金
－717	合計

基本生活計劃表

頂客族，沙織

存款	活存 基金	10萬	目前的存款
收入	薪資	2730萬	自己薪水：年收入65萬×(60－36)歲＝1560萬 妻子薪水： 年收入52萬×(60－30)歲＝1170萬
	養老金	672萬	夫： 勞保老年給付：4.2萬×39個月＝約163萬 勞工退休金：436萬 妻： 勞保老年給付：4萬×45個月＝約180萬 勞工退休金：566萬 (163萬＋436萬＋180萬＋566萬)／2＝約672萬
存款＋收入 合計 ①		3412萬	
支出	生活費用	1836萬	5.1萬×12個月×(60－30)歲＝1836萬
	結婚費用	0萬	
	小孩費用	0萬	
	養老費用	2500萬	基本的一個人×1250萬。 2人×1250＝2500
支出 合計②		4336萬	
結算	①－②＝	3412－4336＝－924	

第十三節
退休前的資金週轉

收入大於支出是最簡單的理財原則。但把一生現金流配合時間軸來看，你就會發現，即使一生收支結餘是「正數」，但每一個時期的家計收入減支出並不一定都是「正數」，有些時期可能會出現很多餘額，有些時候又會出現赤字。因此，收入大於支出時存錢；支出大過收入時取錢，這是重要的家庭財務運轉邏輯。

儲蓄黃金期與壓迫期

次頁(P48、49)製作範例大雄的資金周轉表。前文我們提到，本來大雄希望婚後有兩個孩子、妻子不上班專心帶孩子，但他發現這樣的生活會叫自己陷入負債，所以，他把計畫改成只生一個孩子、妻子也上班。雖然如此，大雄的現金周轉還是會出現某段時間的負值。

這樣的例子並非獨立的，一般上班族如果照著表格項目(可利用電腦EXCEL軟體計算)製作自己的資金周轉表，你也會發現，從20幾歲開始工作賺錢之後，單身、頂客時期是儲蓄最容易的時期。另外，孩子上國小之前也有一小段時間還算容易存錢。但等到儲蓄黃金期一過，教養、購屋、存養老金、事奉年老的父母等等的支出就會一個一個的冒出來(範例並未計算除教養費之外的其他特別費用)。若非是從父母長輩手中取得資源或是年輕時懂得積累財富，這段時間就只有靠職場優勢不斷的增加收入才能度過了。

你是理財高手嗎？

由資金週轉表裡可以看出，在儲蓄黃金期每年收入大於支出很多，如果沒有對長遠的資金有預算的話，很容易就會養壞胃口，諸如無節制的消費奢侈品啦、爲學齡前的孩子上很貴的幼稚園、才藝課啦。表面上看來，因爲收支結餘寬裕，但如果試算到退休前的資金周轉，會不會已經是超額支出了呢？

這也就是製作資金周轉表的目的所在。

退休前的資金周轉(假設收入逐年成長)

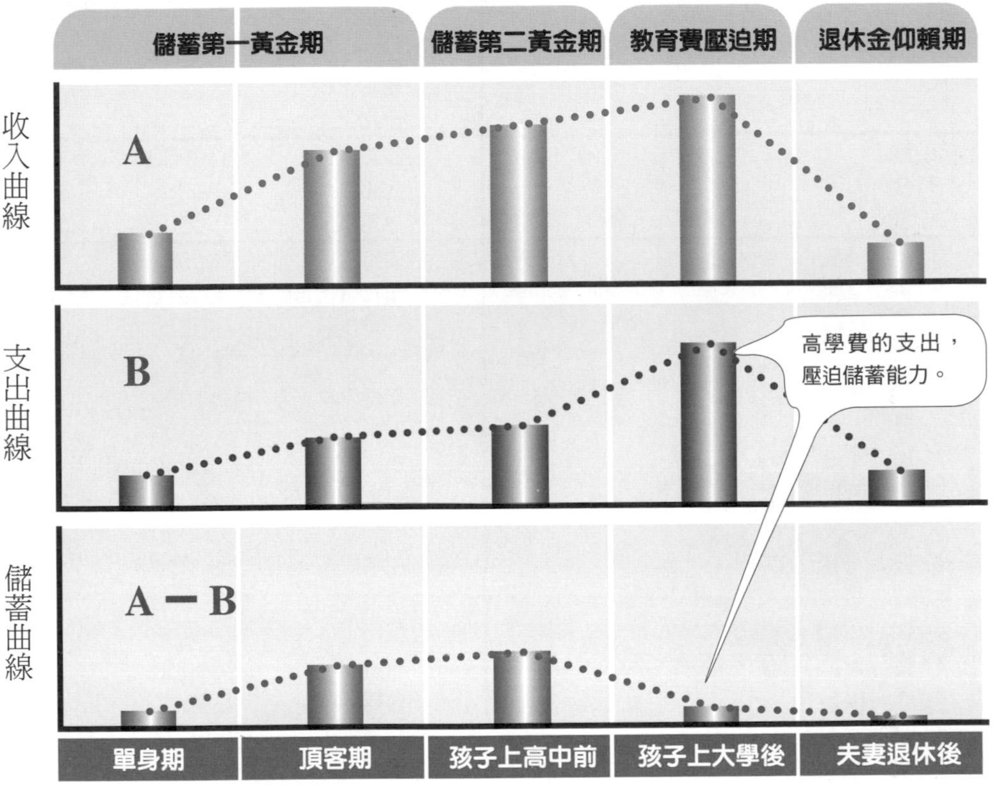

Column

周轉赤字

當下消費環境複雜，很多人的龐大債務往往都是小額的3、5萬元的財務缺口開始。

舉例來說，孩子到了上幼稚園階段，父母一學期刷卡5萬元繳學費，在當月其實是無法付清這筆費用，那麼，算是合理資金週轉？還是盲目的「因為教育很重要，先刷再說……」？

如果答案是前者，刷卡付費是合理的，如果答案是後者，就可能陷入惡性循環。

退休前資金週轉表(大雄)－－不考慮存款、特別支出並假設

年齡					年收入		
夫	妻	子	大事記1	大事記2	丈夫	妻子	合計
28歲					750000		750000
29歲					750000		750000
30歲					750000		750000
31歲					750000		750000
32歲	30歲				750000	360000	1110000
33歲	31歲				750000	360000	1110000
34歲	32歲				750000	360000	1110000
35歲	33歲	1歲			750000	360000	1110000
36歲	34歲	2歲			750000	360000	1110000
37歲	35歲	3歲			750000	360000	1110000
38歲	36歲	4歲			750000	360000	1110000
39歲	37歲	5歲			750000	360000	1110000
40歲	38歲	6歲			750000	360000	1110000
41歲	39歲	7歲	孩子小學		750000	360000	1110000
42歲	40歲	8歲			750000	360000	1110000
43歲	41歲	9歲			750000	360000	1110000
44歲	42歲	10歲			750000	360000	1110000
45歲	43歲	11歲			750000	360000	1110000
46歲	44歲	12歲			750000	360000	1110000
47歲	45歲	13歲	孩子中學		750000	360000	1110000
48歲	46歲	14歲			750000	360000	1110000
49歲	47歲	15歲			750000	360000	1110000
50歲	48歲	16歲	孩子高中		750000	360000	1110000
51歲	49歲	17歲			750000	360000	1110000
52歲	50歲	18歲			750000	360000	1110000
53歲	51歲	19歲	孩子大學		750000	360000	1110000
54歲	52歲	20歲			750000	360000	1110000
55歲	53歲	21歲			750000	360000	1110000
56歲	54歲	22歲			750000	360000	1110000
57歲	55歲	23歲	孩子研究所		750000	360000	1110000
58歲	56歲	24歲			750000	360000	1110000
59歲	57歲	25歲	孩子博士		750000	360000	1110000
60歲	58歲	26歲		夫退休	750000	360000	1110000
61歲	59歲	27歲				360000	360000
62歲	60歲	28歲		妻退休		360000	360000
63歲	61歲	29歲	孩子工作				

變。

支出				說明	
生活費	子女費	支出合計	收入－支出	生涯階段	
264000		264000	486000	單身時期	儲蓄第一黃金期
264000		264000	486000		
264000		264000	486000		
264000		264000	486000		
612000		612000	498000	頂客時期	
612000		612000	498000		
768000		768000	342000		
768000	240000	1008000	102000	在職有子時期	儲蓄第二黃金期
768000	240000	1008000	102000		
768000	240000	1008000	102000		
768000	240000	1008000	102000		
768000	240000	1008000	102000		
768000	240000	1008000	102000		
768000	174000	942000	168000		
768000	174000	942000	168000		
768000	174000	942000	168000		
768000	174000	942000	168000		
768000	174000	942000	168000		
768000	174000	942000	168000		
768000	200000	968000	142000		
768000	200000	968000	142000		
768000	200000	968000	142000		
768000	150000	918000	192000		
768000	150000	918000	192000		
768000	150000	918000	192000		
768000	360000	1128000	! －18000	在職有子時期	教育費壓迫期
768000	360000	1128000	! －18000		
768000	360000	1128000	! －18000		
768000	360000	1128000	! －18000		
768000	1000000	1768000	! －658000		
768000	1000000	1768000	! －658000		
768000	1000000	1768000	! －658000		
768000	1000000	1768000	! －658000	退休金仰賴期（一直到死亡）	養老期
768000	1000000	1768000	! －1408000		
768000	1000000	1768000	! －1408000		
768000					

第十四節
退休後的資金週轉

以大雄目前才28歲的單身族來說，提早確立基本生活計畫並懂得運用資金周轉表對未來資金運用十分有助益，因爲他有機會掌握住單身與頂客這段儲蓄黃金期，另外，人生總有些理想與夢想吧，數一數退休後的資金周轉，夠用就不用太拚了吧。

退休後的資金周轉

在不考慮自有存款的前提下，只仰賴社會福利退休金，退休後的資金週轉會是如何呢？

本文還是以大雄夫婦爲例(見P52、53)，假設他們沒有爲退休金存錢，也在60歲退休，並取得勞保老年給付與退休金各一半，且退休後夫妻每月花四萬元，那麼，大雄夫妻在退休那一年就開始面對「存款崩潰期」，而大雄65歲那一年就會出現「赤字期」。

不過，還好，他們早年投資「孩子」！但這還眞得賭運氣。好的話，孩子有可能可以奉養父母，運氣不好的話，有可能孩子剛好也要開始自己的新家庭既無暇看顧反而還需父母提撥退休金支持呢！

當然，把退休後的生活降到只仰賴社會福利也是一種方式。

不管如何，利用資金週轉表可以提早看出你想過的生活與現實的生活中間有什麼差距。

20～30歲這一代年輕人應該不反對把錢花到完再死掉的想法吧。畢竟，留錢給下一代也不見得對他們是好事。

不過，也不能還沒上天堂就先破產。所以，退休後的理財反而比退休前還來得重要。以大雄爲例，他計畫退休後把房子賣掉換到郊區比較便宜的地方或住老人公寓，餘額推算到100歲的花費，剩下的就做是自己當環保義工的經費，開始經營自己的志業。

但以每月5萬元的老人公寓爲例，40年下來就得2400萬！所以，算一算還不是筆小數目，那就加油吧！

退休後的資金周期

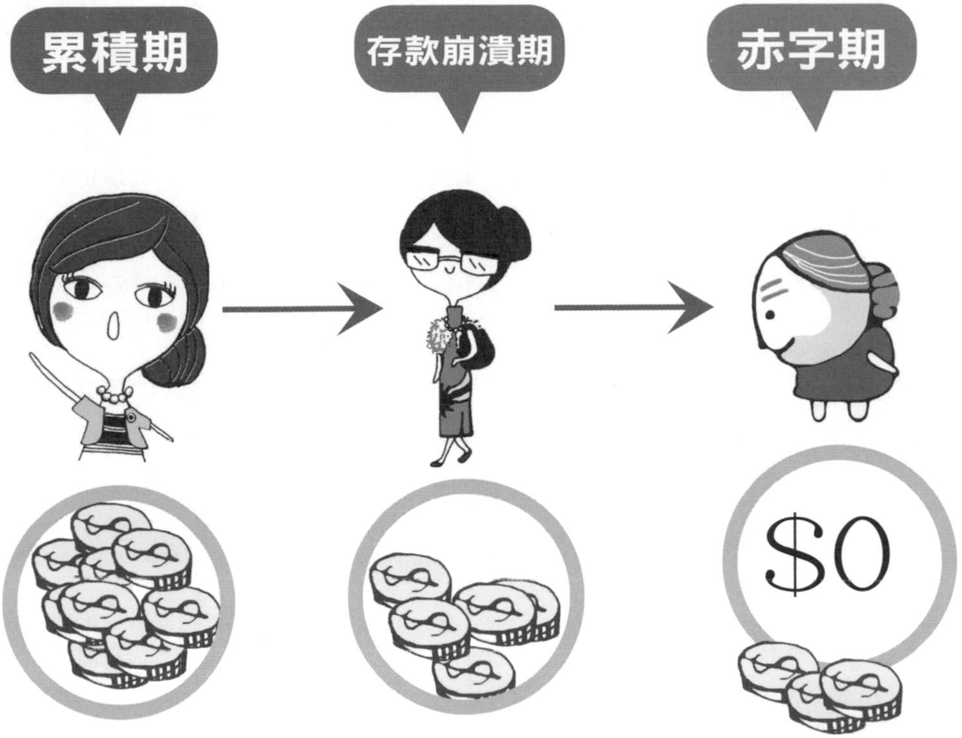

Column

人生悲喜劇

無論是誰，未來總是悲喜交加的。

與其跟未知的未來「賭一把」，不如清楚的把大方向掌握住。

製作家庭資金週轉表，最大的用處就是避免「賺得多，花得多」，薪水一下子由5萬變8萬，或許就考慮換車、購買名牌、旅遊……不知不覺生活費就提高了，但如果定期檢查週轉表就能提醒自己。

退休後的資金週轉表(大雄)

年齡			大事記		年收入		退休金	
夫	妻	子	大事記1	大事記2	丈夫	妻子	丈夫	妻子
59歲	57歲	25歲			750000	360000	0	0
60歲	58歲	26歲		夫退休	0	360000	1125000	0
61歲	59歲	27歲	孩子工作		0	360000	14323	0
62歲	60歲	28歲		妻退休	0	0	14323	675000
63歲	61歲	29歲			0	0	14323	9828
64歲	62歲	30歲			0	0	14323	9828
65歲	63歲	31歲			0	0	14323	9828
66歲	64歲	32歲			0	0	14323	9828
67歲	65歲	33歲			0	0	14323	9828
68歲	66歲	34歲			0	0	14323	9828
69歲	67歲	35歲			0	0	14323	9828
70歲	68歲	36歲			0	0	14323	9828
71歲	69歲	37歲			0	0	14323	9828
72歲	70歲	38歲			0	0	14323	9828
73歲	71歲	39歲			0	0	14323	9828
74歲	72歲	40歲			0	0	14323	9828
75歲	73歲	41歲			0	0	14323	9828
76歲	74歲	42歲			0	0	14323	9828
77歲	75歲	43歲			0	0	14323	9828
78歲	76歲	44歲			0	0	14323	9828
79歲	77歲	45歲			0	0	14323	9828
80歲	78歲	46歲			0	0	14323	9828
81歲	79歲	47歲			0	0	14323	9828
82歲	80歲	48歲			0	0	14323	9828
83歲	81歲	49歲			0	0	14323	9828
84歲	82歲	50歲			0	0	14323	9828
85歲	83歲	51歲			0	0	14323	9828

（假設勞、退均只領到一半。夫妻生活費每月4萬元）

總收入	生活費支出	資產累計	
1110000	480000	630000	
1485000	480000	1635000	
374323	480000	1529323	
689323	480000	1738646	**存款崩潰期**
24151	480000	1282797	
24151	480000	826948	
24151	480000	371099	
24151	480000	－84750	
24151	480000	－540599	
24151	480000	－996448	
24151	480000	－1452297	
24151	480000	－1908146	
24151	480000	－2363995	
24151	480000	－2819844	
24151	480000	－3275693	
24151	480000	－3731542	
24151	480000	－4187391	**赤字期**
24151	480000	－4643240	
24151	480000	－5099089	
24151	480000	－5554938	
24151	480000	－6010787	
24151	480000	－6466636	
24151	480000	－6922485	
24151	480000	－7378334	
24151	480000	－7834183	
24151	480000	－8290032	
24151	480000	－8745881	

第十五節

家庭該如何買保險

前面看了基本生活計畫與資金周轉表，它掌握了一生的現金流動。接下來就是生活中的「萬一」，那就交給保險了！

該花多少錢買保險？買什麼保險？一般保險經紀人可能會告訴你取收入的10%購買保險是合理的。不過，我的主張是應該檢視家庭資產與家庭狀況，先由需求面計算，再配合收入面(你能負擔多少)。

買保險的順位

所謂的保險，目的就是在保護萬一總家庭收入來源出現狀況，無法繼續提供家庭支出時，要有最低生活水準的基本保障，由這個方向來思考，以有孩子的小家庭而言，購買保險的順位是：

1、父母的終身醫療。2、子女的終身醫療。3、父母的壽險。4、儲蓄保險

爲什麼順位的第一不是壽險呢？

壽險當然很重要，但是跟醫療險相比，一份活著時有可能用得到的保單是比死了之後才用得到的保單來得有意義的。因爲家庭最大的風險莫過於成員因故需要醫療照養了，尤其是總收入的來源萬一出現問題，更容易拖累整個家，所以，在購買保險預算有限的前提下，先購買醫療險是合理的配置。

至於壽險，你可以利用右表評估你是否需要購買。

很重要的終身醫療險

醫療險是生前支付的保險，但這種險種在1999年之前通常不具有終身保障，也就是它所提供的醫療保險可能只保障到70或75歲，甚至有的只到60歲。但隨著現代人壽命漸漸延長，這種醫療險跟實際的需求有很大的落差。所以，在1999年後便出現所謂的「終身醫療」也就是活到幾歲就保到幾歲，沒有時間限制。但因爲每家保險公司保單內容不盡相同，所以在簽約前一定要詳細了解保單的保障內容及範圍才不會引起不必要的糾紛。

你需要買壽險嗎？

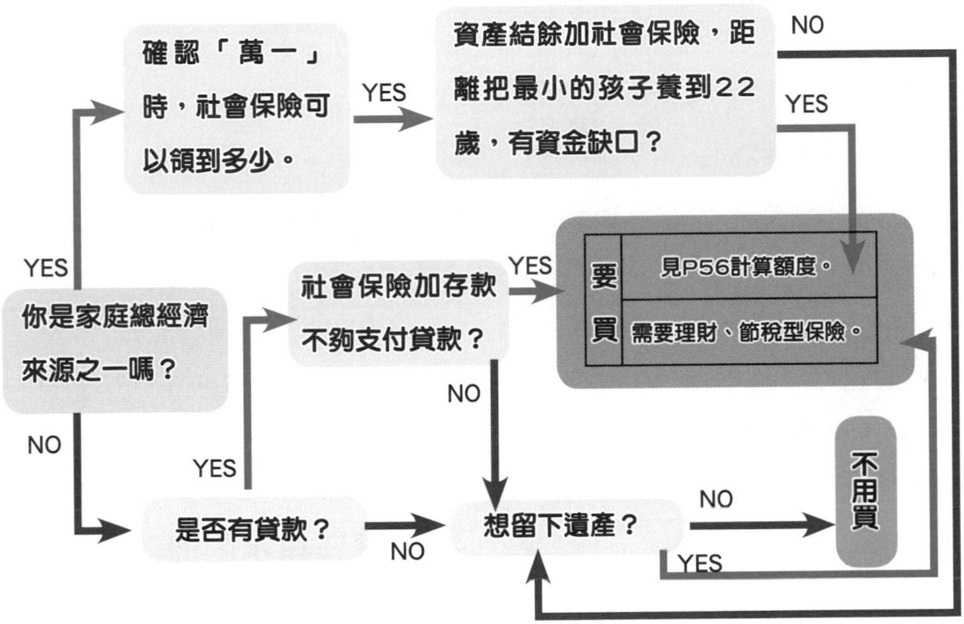

Column

主壽險與醫療險

如果你是早期買保險的人可能會疑問，因為國內並沒有單獨買醫療險的產品，通常保險經紀人會告知你，你得先購買主壽險才能把醫療險附加上去。不過，這幾年已經有保險公司的產品是不需購買主壽險只買醫療險的方案了。

第十六節
壽險額度計算DIY

● **範例資料**

家庭現況

丈夫	35歲，上班族。月收入6萬 ，年獎金6萬。年收入78萬
妻子	33歲，兼職。年收入12萬
小孩	2個，6歲/2歲
房貸	每月1萬
房屋	600萬
房貸還剩	180萬
存款	0

＊案例以教養最小孩子至22歲

先確認「資產與負債」

假設丈夫是家庭經濟的中心，有多少資產？多少負債？資產的部份包括房子、基金、股票折算現金有多少。負債就是未償還完的房貸、車貸、借款等。

I 計算目前的資產負債(單位:萬)

資產		600
負債		180
結餘	A	420

類比現在和未來的生活

主要的經濟來源萬一不再，家庭收入會面臨什麼變化？包括社會保險、企業保險等等，一一折算到最小的孩子到22歲，就當它是收入每年有多少錢？如果是家族企業，可以有人接手嗎？另一半還可以維持現有的工作條件嗎？還是會發生什麼變化？

家庭支出主要是房貸與一家大大小小的生活費。這裡的支出不含孩子的教育，也就是一般維持基本生活的吃穿，孩子可以估3000元/人/月。

II 家庭收入(年)(單位:萬)

項目		目前	事故發生
薪資	丈夫 妻子	78 (6×13個月) 12 (1×12個月)	0 12
社會保險	喪葬津貼 死亡給付		1.05 (21÷20年) 6.3 (126÷20年)
企業保險	職場退撫		21 (420÷20年)
其他	定存利息	0.5	0.5
每年合計		90.5	① 40.85

最小兒子2歲，所領到的社會保險就折算20年(22-2)。

III 家庭支出(單位:萬)

項目		目前	事故發生
基本生活費		36 (3×12個月)	26
房屋	房貸 稅+產險	12 1	12 1
孩子	老大+老二	7.2 (0.3×2人×12個月)	7.2 (0.3×2人×12個月)
其他	丈夫零用 妻子零用	6 6	0 6
每年合計		68.2	② 52.2

Ⅳ 待填補的部份--日常生活費(單位:萬)

日常生活費	
	每年收入預算 40.85 ——①
	每年支出預算 52.20 ——②
	②−①= 11.35 資金缺口**B** 15 X 20 年

- 算出每年的生活費缺口後，為因應物價膨脹，所以要比原先的估計再提高計算，每年乘1.1是合理的，或是直接捉個整數計算也可以。
- 本例以每年15萬計算，20年就是300萬。

Ⅴ 待填補的部份--特定資金需求(單位:萬)

一定得準備的資金			儘可能準備的資金		
	老大教養	500		住宅修繕	200
	老二教養	500		妻子養老 不時之需	900
合計 **C**	1000		合計 **D**	1100	

●必定缺的資金

(最低壽險額度)

A－B－C＝ -880

●儘可能要準備的資金

(最佳壽險額度)

A－B－C－D＝ -1980

你需要多少保險？還是你可以繳多少保費？

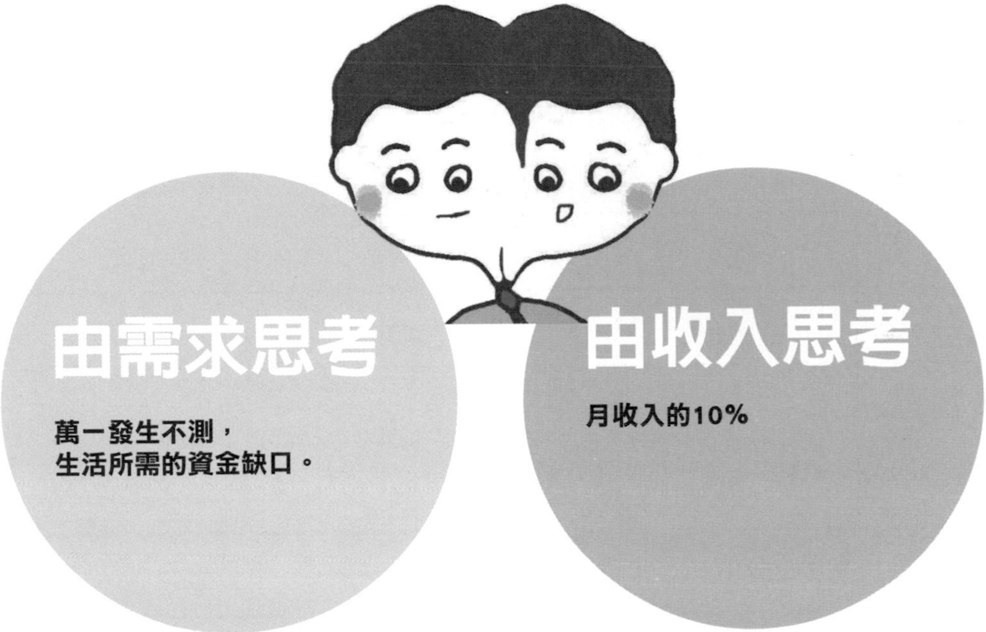
由需求思考
萬一發生不測，
生活所需的資金缺口。
由收入思考
月收入的10%

Column

產物保險

火災水災地震等對家庭經濟損失是很大的，這種光靠存款無法應付的風險，也應該要購買保險。

特定資金需求

計算壽險額度時，可以以家中最小的孩子教養到22歲當標準計算。除了孩子教養費，也別漏了配偶養老金、緊急應變儲蓄金與房屋修繕費。

STAR！

計算人壽保險額度

I　計算目前的資產負債

資產	
負債	
結餘	A

II　家庭收入(年)

項目		目前	事故發生
薪資			
每年合計			①

III　家庭支出

項目		目前	事故發生
基本生活費			
每年合計			②

Ⅳ 待填補的部份--日常生活費

日常生活費

每年收入預算＿＿＿＿＿＿——①

每年支出預算＿＿＿＿＿＿——②

②－①＝＿＿＿＿＿＿

資金缺口**B**＿＿＿＿X＿＿＿＿年

生活費缺口要配合通膨，每年約乘1.1或捉個大概的數字。

Ⅴ 待填補的部份--特定需求資金

一定得準備的資金			儘可能準備的資金		
合計　**C**			合計　**D**		

●必定缺的資金

（最低壽險額度）

A－B－C＝＿＿＿＿＿＿

●儘可能要準備的資金

（最佳壽險額度）

A－B－C－D＝＿＿＿＿＿

第十七節
新手如何購買保險

保險商品愈來愈多樣化，該如何選擇呢？

定出自己的保險順位

由需求性先定出對自己最重要的、次重要的、次次重要的保險項目，再按經濟況狀購買，如果預算有限千萬別一口氣就買很高額的儲蓄型保單，可以先把最重要的保單準備好了，以後每年再加碼購買。

搞懂套餐型的保單

套餐型的保單雖然會比單一保單划算，但是因爲它是組合性的商品，不能選擇性購買，有時候商品不合自己的需求反而是浪費，所以，在購買這種商品時每一項都要清楚它的保障與功能，如果跟自己需求相距太遠的就不要勉強，有時不但沒有佔到便宜反而吃虧。有些套餐型的產品等到自己想換合約的時候又限制很多，要特別留意。

此外，只要是透過保險而進行資產轉換的商品(如基金、定存)，勢必增加一些必要的成本，就理財成本而言是相對高的，但如果你的想法是因爲它把「儲蓄、保險、投資」給綁在一起了，省事又可強迫儲蓄，從這個角度看多付出成本反倒是合理的。

簡易保險是值得考慮的

相較於有保險經紀人設計、說明的保單，簡易的通訊保險、信用卡團保或電話行銷人員推銷的保單看起來似乎很不專業，其實並不盡然。這種新型態的保單設計通常一針見血，保費低、保障也剛剛好、合約內容又容易理解，適合預算有限的人當成入門品，唯一的缺點就是它無法爲你量身定做保單，且服務不如業務員那麼有人情味，可是，話說回來，現在有的保險經紀人只要一跳槽別家保險公司就說服客戶也一起換保單，或者是時間一久，形同保單孤兒的也很多，所以，買保險還是要多方比較。

買保險的順位

重要度	險種
最重要	自己與配偶的終身醫療險
次重要	孩子的終身醫療險
次次重要	壽險
選擇要	儲蓄險

**預算有限，錢就要花在刀口上。

*等賺夠了錢就再一項一項的加保。

Column

簡易保險便宜多少

跟傳統的保險業務員相比，簡易保險的保費大約是傳統保費的七成左右，當然，服務與品質的良莠不齊是買這種保單的風險，運氣不好的也會碰到詐騙集團。不過，有心人仔細找找還真的可以省下不少錢。

保單檢討

生涯變動保險就該變動，一般都只在意「增加保障」的部份，其實不然，如果孩子一天天長大，房貸也一天天輕省了，幹嘛還買那麼高的保險呢？

chapter 2

人生三大成本

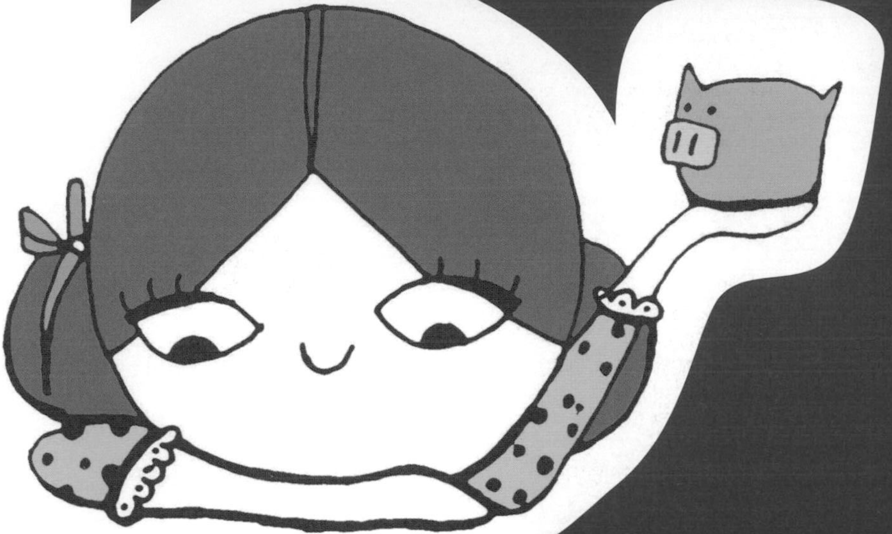

房子、孩子和養老，

是人生最貴的三項成本。

輕鬆的面對人生的現金流，

就從檢討這三大成本的開支開始。

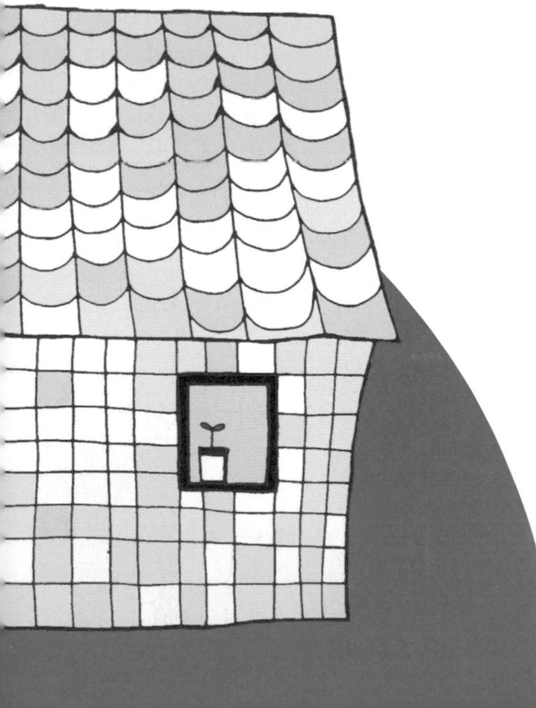

第一節
購屋好？租屋好？

最近有人提倡與其買房子這種不動產，不如買股票、基金這樣的動產！

理由是房子不容易變現，長長的3、40年不變換投資標的，風險很高。相對的動產則不分國別、產業別，有機會追逐更高的報酬。

「要選擇買房子？還是一生都租房？」對生活規劃有重大影響。

買和不買房子的利與弊

許多人會「夢想有自己的家」，不管我們有多少種理由可以說服自己不買房子，但就像這句話所表達的那樣，「家」對很多人來說是個「夢」——不止是自己小窩的夢，更是家族的夢。

另一方面來說，因爲經濟、工作等因素擔心「萬一付不出貸款」的人實在很多，所以不知不覺的只好一直租房子的人比例上也一直在增加。

買或不買房子，究竟那一個有利是無法斷定的。

先來看看買房的好處。

擁有自己的住房，在自己家住就有情緒上的滿足感。而如果我們試著把實際的租房子與買房子作比較的話，在頭期款不成問題的前題下，租房子與買房子付貸款是差不多價錢的(見右圖)。此外，不管是銀行授信或其他，擁有房子的人社會地位都比較高。

另一方面來看看不利的。

大部份購屋自住者都不是用現金交易，換言之，家庭開支就會因爲貸款壓力而受到拘束。理性一點的家庭可能會因爲有壓力而從中學習如何增加收入與合理節約的因應之道，但也有家庭爲了早早還貸款而斷絕外食啦、完全沒有休閒啦等等拼命節約以致過著令人難以開心的生活。其實，想想那種日子還眞令人頭皮發麻！

接著看看租房子的好處。

租房子與買房子不同，沒有住房屋貸款的束縛，又可以自由地變更地址。還可以根據自己的收入狀況來選擇住

租屋與購屋的不同

租屋族	年齡	購屋族
・每月2萬5房租	80歲	・0
・每月2萬5房租	70歲	・0
・每月2萬5房租	60歲	・0
	55	
・每月2萬5房租	50歲	・每月2萬5房貸
・每月2萬5房租	40歲	・每月2萬5房貸
・每月2萬5房租	30歲	・頭期款180萬 ・每月2萬5房貸

有自己的房子了。
可選擇住到終了，
或賣掉當養老金。

假設：

・購屋族：600萬的房子，準備頭期款3成(180萬)，年利率5%，25年期每月2萬5的房貸。30歲購屋，55歲還清。

・租屋族：每月2萬5的房租。

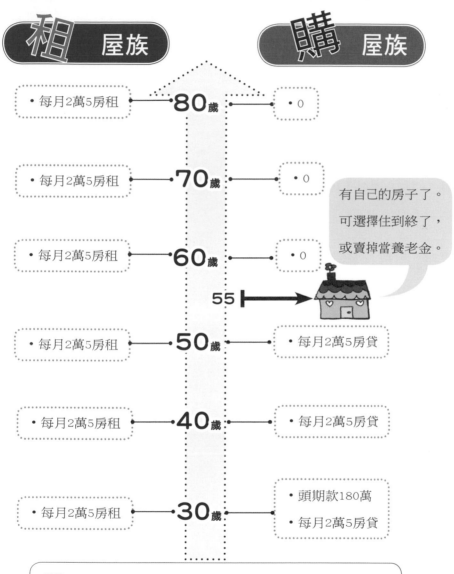

房，萬一收入一下子減少的話，只要搬到房租便宜的地方就可以了。但是，老了沒有住房的保障。

年輕時，沒有實際體驗到房子有多重要，但隨著年齡增大，就會明顯的感受到租房子並不是那麼容易。再做一個比較不好的假設，如果老了，另一半又去世了，孤單一個老人手上即使有點錢，可能會連房子都租不到，因爲房東大都不願意租給獨居老人。

沒付房貸，錢存下來了嗎？

此外，沒有買房子付貸款的壓力，錢就眞的能存下來嗎？沒有買房子，老了每月都需要付房租，因此就必須多儲存養老金；還有失業、生病的問題也必需因爲「沒有房子」而提高準備額度。

實際上沒有買房子，儲蓄還是無法順利增加的家庭有不少。因爲並不是每一個人都有意願理財(或者說善理財)，如果以一般都會區的小家庭來算，一家子租房屋也得2萬5左右吧，換算成二手的小公寓，若以7成銀行貸款來說，如果房價是600萬的話，也大約是每月2萬5的貸款。你可以比較一下，如果把房租換成房貸的話，大約就只差「頭期款」了。如果可以動員家族一起湊個頭期款就試算看看，與其每個月繳房租繳個沒完沒了，還不如買個房子，2、30年繳完貸款就有屬於自己的房子了。不過，前提是能順利籌到免息的頭期款，如果頭期款是高利息借進來的反而弊大於利。千萬別硬撐著買房子，最後投資錯誤，錢全卡在房子上動彈不得。所以，購屋前還是要評估財力，不過，有機會買第一棟房子卻不行動，而聲稱要把錢先拿去投資動產，就得好好想一想。

看看老人公寓的行情

這一代年輕人應該很多人想住老人公寓，試想，有完善醫療服務並可與同齡朋友交際休閒，這種地方實在美好！

不具產權的老人公寓，以目前的生活水準，每人入住費大約在是100萬至300萬，此外，每月2萬至5萬元左右的生活費（管理費和伙食費等）。換算一下如果60歲退休住到90歲去世，必需花現在的錢是：1280萬(以200萬入住費，每月3萬元，30年計)總之，在選擇是否購屋時，應將退休生活規劃一併考慮進去！

銀行貸款還款對照表

還款期	每月攤還	償還總額
15年	33,214	5,978,520
20年	27,719	6,652,560
25年	24,553	7,365,900
30年	22,547	8,116,920
35年	21,197	8,902,740

假設：

- 購屋族：600萬的房子，準備頭期款3成(180萬)，銀行貸款420萬，年利率5%。

Column

地產理財

假設房貸利率仍低於3%。並已經接近清償，可以跟銀行洽商借出房價的5成進行金融操作，並且儘量只繳息不還本，再由金融工具中找出高於3%的商品投資。

不過，這當然存在風險，除了投資的風險外，也要考慮不讓資產配置偏重一方。

第二節
購屋，至少要有房價3成現金

這裡就簡單的介紹實際買房子的資金計劃吧！

如果要買房子，至少要先擁有房子價格的3成現金，如果有長輩幫忙那眞的就是「少奮鬥幾年」，如果沒有的話，就把它當成目標一塊一塊的存。這三成的費用中，其中最少2成是當成房屋的頭期款，剩下的1成用於其他費用，如稅款、搬家費、新房的家俱費等。在購買房子時，因爲要簽定住房貸款的合約和登記需要各種各樣的花費，這就是其他費用。這筆其他費用新房子約需要3%～5%，中古屋則需要大概5%～10%。

小心低頭期陷阱

要特別留意的是，有些房地產的廣告標榜「不需頭期款，只要像房租一樣每月XX萬即可。」這種廣告是相當吸引人的。但是，最好還是不要購買這種不需要頭期款的房子。畢竟，完全沒有能力存頭期款，即使順利買下房子也會因爲高額的利息壓力而讓家計陷入不安。因爲不管利息再怎麼低，如果所有金額都依靠貸款的話，就可能會讓自己陷入「死錢」(見P110)愈疊愈高的窘境。

而原則上若非是投資，就不要把房屋貸款期限拉長才有利。因爲整體來說，貸款愈長要繳的利息就愈多。現在銀行的行銷手法十分靈活，尤其是理財型房貸雖然名之爲讓錢活動起來，好像可以變得很聰明理財似的。可是把房貸這種「長錢」拿來支應「短錢」如生活費、投資等，就容易陷入困局之中。

還是很爲難不知要不要買房子的人，如果頭期款已經有著落了，不妨先試試把收入扣掉房貸幾個月，就像在過已經買房子的生活那樣，如果生活不算太勉強，那就是已經靠近買房子的「適齡期」了。開始去看房子吧！！

購屋第一步：捉緊預算

對年輕人而言，購屋常犯的毛病就是，明明想好了要買多少預算內的房

購屋最低準備金＝房價3成

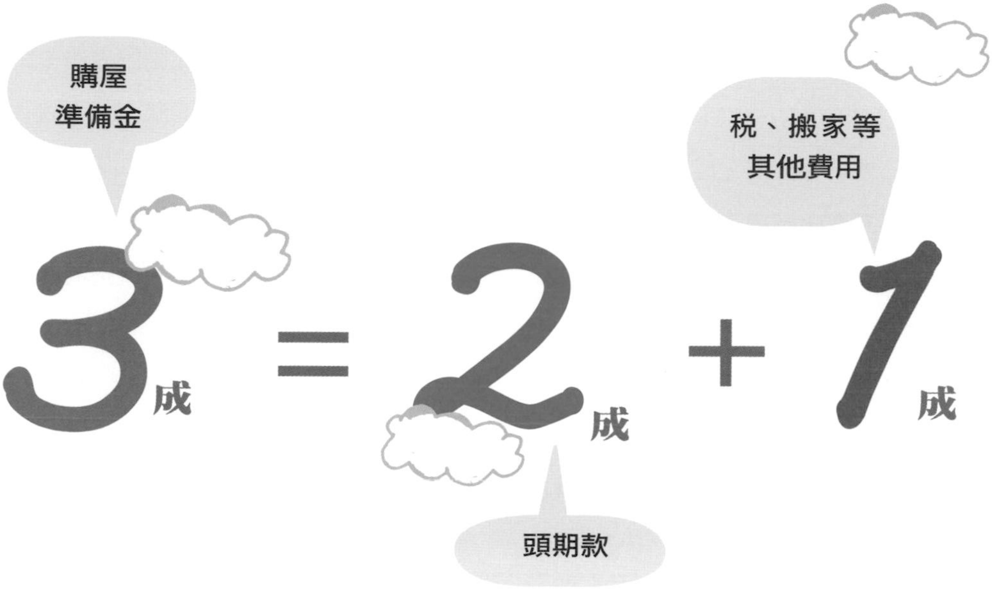

Column

以長支短、以短支長

在企業方面，資金可以分為長期資金與短期資金，短期資金的成本較低，也較具彈性，但由於到期日較近，償還壓力較大；相對的，長期資金成本高，但到期日較遠，企業可以從容地籌措到應償還的貸款本息。

但不管企業所籌措資金是長期還是短期，都應配合資金支出計畫，有短期資金需求就選擇短期資金；有長期資金需求就選擇長期理財方式，避免以短期資金來支付長期性投資需求，或者以長期資金來支付季節性或臨時性需求。

子，但等到去看實際的建築物時，最終就會買下比當初預算還多的房子。這是不管計劃得多好的人，也會發生的事。但是，好好地嚴守自己計劃好的預算吧！嚴守好的話，購屋的第一步沒問題，等於是為財務安定度打下第一樁，未來還是有機會再換大房子。如果第一次買房子就弄到自己疲累不堪反而就難有換屋或再購屋的機會。

選擇有出租價值的房子

像這樣考慮利與弊，買房子將會更有安全感與信心吧。

接著，如果要買房子，請想一想「萬一沒有住，有沒有出租價值？」這樣的角度來選擇房子。

一般來說，離車站(尤其是捷運)近的房子，出租的價值比較高，即使不是在車站旁邊最好搭車地點也不要超過徒步可達的範圍。現在很多郊區蓋得很漂亮的房子，因為房價低、房子漂亮環境又美，實在十分吸引年輕購屋族，但是，交通不便常常會讓出租價值大打折扣，首次購屋的人不可不慎。如果你是購買可以出租的房子，「賭注」就小一點。前文我們提及，有人首次購屋結果錢全被卡在房子上，這種既不宜住家也脫不了手的房子，通常是在選購時沒有實際想到功能性。

如果預算有限，首次購屋者應先依功能性為選擇，以最差的狀況可以自住為前提，你也可以為自己做一個換屋計畫，例如等到孩子出生或將來財力夠，再把目前的小房子換大房子，或者把舊房子出租再去購買新的。

小心便宜的房子

而不管你所採的購屋目的是如何，總之，就是要買有「用」的房子，在簽下購屋合約之前得先對它有個計畫。若只覺得房子很美或很超值，但卻提不出具體的未來計劃就要冷靜一段時間再做決定。

而對新手購屋族來說，即使預算不充裕，也忌諱只因為便宜而買房子。因為買的時候便宜，賣的時候也只能低價賣出。而且，房屋便宜應該有它便宜的理由。若是屋齡已經2、30年了，應該也不適合年輕人住吧。

因此，預算有限可以選擇好的小房子也不能選擇便宜的房子。

就把購屋當目標吧！

牢牢的掌握預算

有足夠的購屋預備金

選擇有用的房子

Column

購屋小提醒

不管景氣榮枯，優質地段總是較具保值價值的。特別要留意建案太大的房子，因為量大質也容易起變化。

第三節
孩子是負債嗎？

首先，先說結論吧！那就是儘量避免因爲經濟負擔而不要孩子。

有了孩子之後家計負擔隨之加重，這是必然的。但這種事情並非絕對，因爲有很多生活不寬裕的家庭，反而是因爲孩子的加入使家庭的紐帶聯繫得更緊的。所以，如果是爲了擔心孩子的出生造成家計惡化的話，你可能要更清楚的想一想，究竟是因爲不願意面對現實而拿「生孩子增加負擔」當藉口呢？還是眞的還不到教養下一代的時候？

孩子是情感資產

一聽到「教養孩子至少每個得500萬」，就開始猶豫要不要生孩子的人應該很多。不過，有關生養孩子的煩惱還不止於如此。根據行政院主計處的資料，2005年國內總生育率只有1.2人，也就是平均每位育齡婦女一生所生的嬰兒數只有1.2人。即使大陸一胎化政策其生育率都還有1.7人，而跟全球2.8人的生育率相比甚至連一半都不到。

由此可見，現代年輕族一想到生孩子所伴隨而來的相關問題很多人乾脆就不生了。

可是許多人卻認爲，孩子讓他們對自己以外的生命也有責任與熱情，那種心靈的滿足感是什麼也無法取代的。

養孩子花錢，但未必是負債

對生孩子存在財務懼怕的人不妨回頭看看生活計畫周轉表，也許你現在只有20歲，但順著數字一路看下來你會看到自己有60歲、70歲甚至80歲的時候，而孩子雖然必須付出教養費，但是，不管那個時候自己是否有房子有存款，孩子的陪伴看起來似乎比所有一切都來得有價值了。

所以，換個方式想想，如果把孩子當成「情感資產」是否你會有不一樣的想法呢？當然，這裡不是強調非得有小孩不可，只是若是因爲過度焦慮孩子出生後的問題，其實是不必要的。

對哦，我是會老的

呵呵呵……
來去看我兒子。
別吵……，
媽工作賺錢！
80歲
養孩子辛苦，但是……
35歲
現在…
25歲

Column

瞧瞧別人為何不生小孩

根據一項網路上的調查，年輕人不肯生孩子的理由如下：

1、養孩子需要錢。（60%）
2、照顧嬰兒需要體力。（18%）
3、對孩子的將來感到不安。（13%）
4、對教育狀況感到不安。（12%）
5、對培養孩子心理上不安。（12%）

第四節

早生、晚生跟現金流的關係

據主計處的統計，目前國內第一胎的平均生育年齡在27歲。不過，看看我們的同事朋友超過35生育第一胎的人其實有不少。

晚婚族最容易面對的問題就是孩子生得晚、教養費會跟養老金的儲蓄計畫「撞」在一起，於是很多人只得被迫選擇延後退休或想辦法增加收入。所以晚婚族最理想的狀態是在還沒結婚與生孩子之前就累積了足夠的資產。

相對的太早結婚的話，因爲經濟基礎都沒有就要承擔家計，可能爲了養家活口沒有辦法趁年輕時培養工作競爭力財務輸在起跑點，反而讓現金流一直處在入不孚出的窘境。次頁(P78、79)我們把早生、晚生搭配個人工作收入(假設收入每年成長)曲線畫出了示意圖。當然，這張表只是概略性的示意，你可以根據自己的收入與對孩子的教養需求重新製作一張。

有關教養費的三個問題

中國人一向重視孩子的教養問題，彷彿只要跟孩子扯上關係的消費都是正當的支出。然而，教養孩子最重要的資源不是金錢，而是愛。以下三個問題，想清楚了可以幫我們更理性的愛孩子。

第一，孩子是父母的產業，不是炫耀的工具與攀比的道具。每位父母都有責任依照孩子的天性顧惜培育，然而，我們是否常自以爲是的把「理想」強加在孩子身上？

第二，高昂的學費與生活費也不一定全都仰賴父母籌措不可。高中以上的孩子透過自己的能力賺錢，由家庭與學校這個狹小的世界抽身出來窺探社會的眞面目從而建立自己的勞動觀，也是選項之一。畢竟擁有樂在工作的心態與勤勞的習慣，對孩子未來是很大的財富。

第三，提前安排教養費。

前面提過大雄的例子，理想上他希望有兩個孩子，但在做計畫表時，發現生一個就已經「快養不起了」。所以，提早規畫教育費是父母的責任。

教養費籌措要一出生就開始

1

上幼稚園之前，就有具體的行動方案。
儲蓄保險是不錯的選擇。

2

小學期間存3000元/月。
讓教養費的支出變成習慣。

3

國中、高中期也別放棄儲蓄。
大學以後才是教養費用得最兇的時期。

Column

教養費支出時間

與其孩子剛出生時就重金寵愛，不如把「重裝備」放在高中以後的階段，一來是這段時間本來就比較花錢，二來早開始準備就能讓時間為教育費複利增值。

生子年齡與收入曲線對照圖

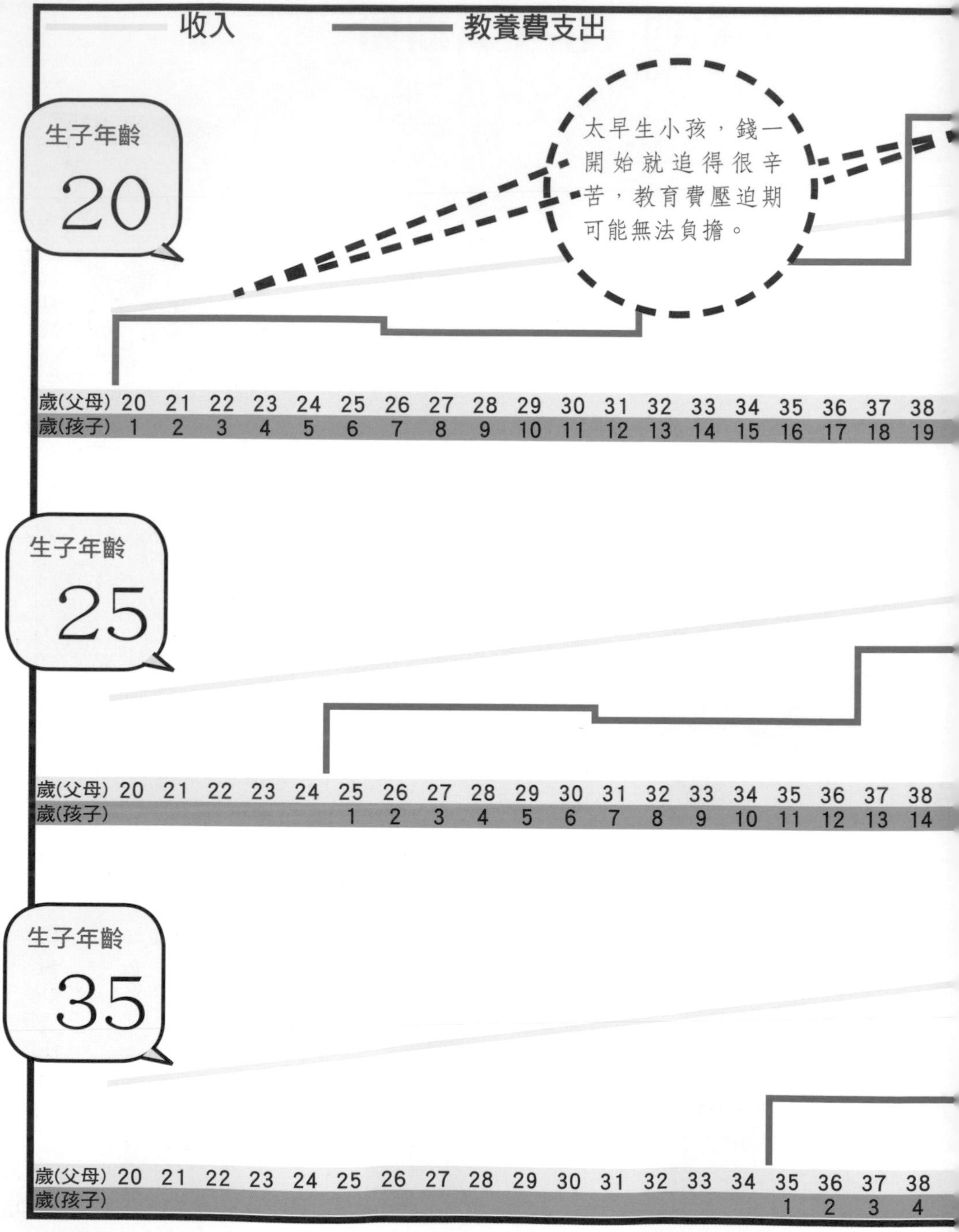

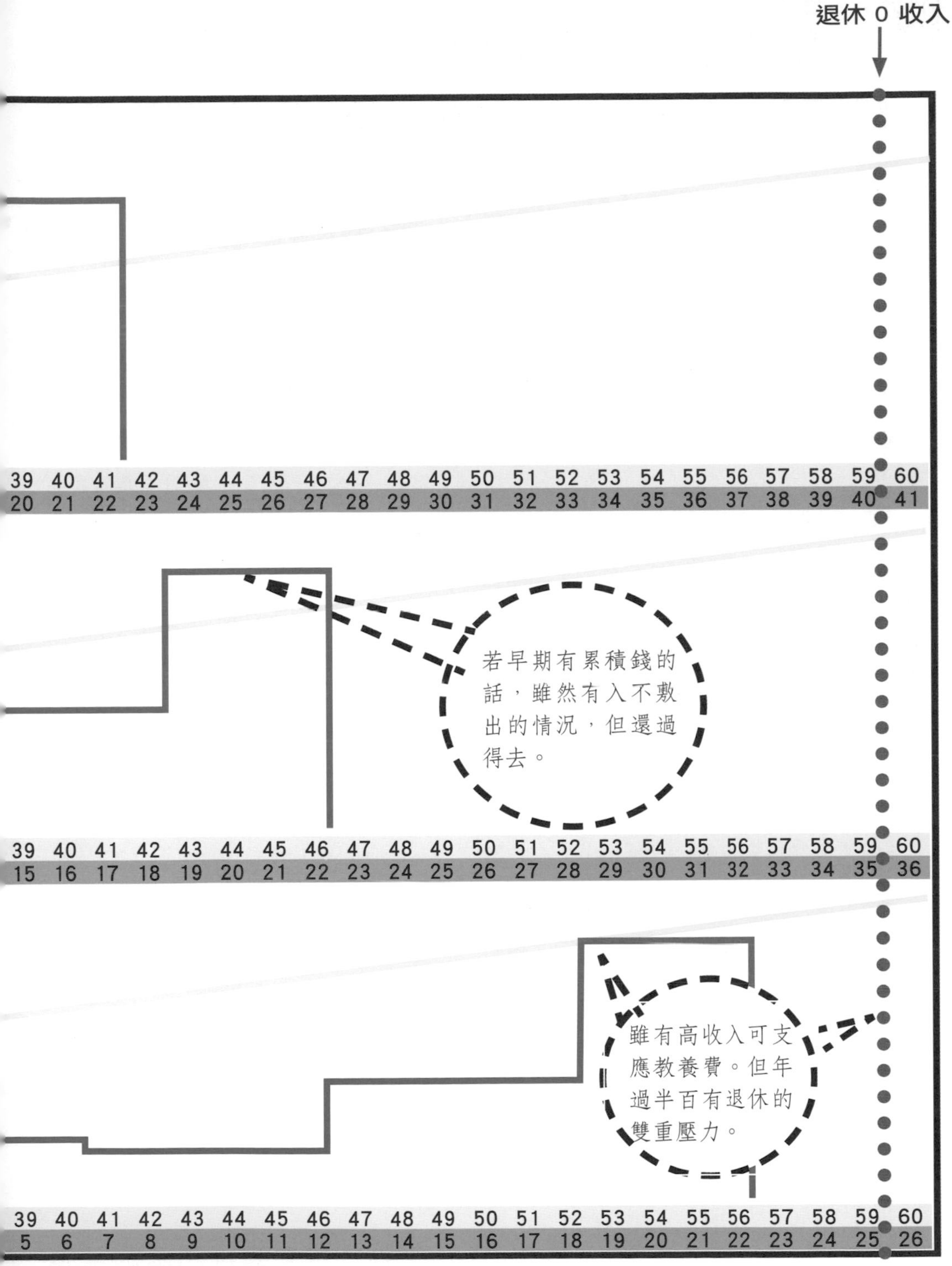
退休 0 收入
39 40 41 42 43 44 45 46 47 48 49 50 51 52 53 54 55 56 57 58 59 60
20 21 22 23 24 25 26 27 28 29 30 31 32 33 34 35 36 37 38 39 40 41
若早期有累積錢的話，雖然有入不敷出的情況，但還過得去。
39 40 41 42 43 44 45 46 47 48 49 50 51 52 53 54 55 56 57 58 59 60
15 16 17 18 19 20 21 22 23 24 25 26 27 28 29 30 31 32 33 34 35 36
雖有高收入可支應教養費。但年過半百有退休的雙重壓力。
39 40 41 42 43 44 45 46 47 48 49 50 51 52 53 54 55 56 57 58 59 60
5 6 7 8 9 10 11 12 13 14 15 16 17 18 19 20 21 22 23 24 25 26

第五節
有孩子如何建立雙薪家庭

除開生涯規畫的因素之外，建立雙薪家庭不管是對家計還是自我成長等等，正面的理由比負面的理由多。

雙薪好？單薪好

不過，女性一旦有了孩子，同時還要保有工作的話，困難度就高很多，有些女性都是考量到與其花錢請保姆，不如就離職自己帶。這雖然是方案之一，可是，前面我們計算過，孩子的教養費最大的支出會在上大學之後，假如一位在職的媽媽因爲帶孩子離職，一直帶到孩子上小學再回到職場的話，第一要考慮的就是工作容易不容易接續的問題，再來，單薪收入可以輕易的支應孩子在上小學階段，但國中之後，孩子的生活費、補習費是十分驚人的，可能等不到上大學就已經開始面臨「教育費壓迫期」了。

如果你的選擇既要親自帶孩子又要有工作的話，這裡就介紹一下如何一邊帶孩子一邊上班的秘訣吧。

秘訣一、孩子交由父母帶

很多人寧可花錢也不願讓父母幫自己帶小孩，不過，千萬別小看每月省2萬、3萬的保母費，如果以每月2萬來計算，6年就省掉144萬，它是建立家庭資產部位很重要的一筆。

另外，如果有長輩幫忙看小孩的話，未來孩子上幼稚園、小學就可以讓自己比較專心的上班，因爲即使是私立幼稚園也是下午4：30下課，若要延長留校時間到6、7點，每月還得加5、6仟元；將來上小學之後，沒有人接送得交由安親班，每月也需要將近上萬元的花費。所以，若有就近的長輩可以協助，花費就可以大大的節省，自己也不用像快遞媽媽一樣成天帶著孩子往返在校園與補習班之間。偶而也還可以配合公司的加班作業。

秘訣二、夫妻共同承擔家務

有長輩幫忙帶孩子省錢多多(學齡前)

由父母帶

free

144萬

由保姆帶

6年╳12個月╳2萬

216萬

由自己帶

6年╳12個月╳3萬

Column

老人與小孩

把孩子交由父母照顧，好處是省了錢，不過，教養態度常常讓三代人之間變成衝突點。

但不管如何，年輕人總得擔負照顧父母與教養幼兒的責任，如果能夠在心情的調適與態度上用正確的方法面對，同時「搞定」老小，在為家計開始打拚之初，省下的開銷真的「很補」。

夫妻都有工作，又要照顧孩子，精神體力都是一大考驗，雙方都必須體認建立安全的家不只是「愛」而已，還要有許多犧牲，即使在職場上是高高在上的總經理，回到家也要彎下腰來擦地洗衣服，過去下班時間全用在加班、應酬，現在就不能如此，如果任何一方以「我必須賺錢」爲由把家事有意無意的賴掉，形成另一半又要工作又要管家的情形，容易給家庭帶來不好的氣氛。有句話說「不患貧而患不均」，許多雙薪家庭在有了孩子之後問題不在「貧」而在情緒上的「不甘心」，這也是雙薪家庭必須體認的事。

與單身、頂客時期不同，有孩子之後購物、料理、洗滌時間都會增加，很可能屋子一下子就弄得亂糟糟，如果迫於工作與家計而放任生活品質一天低過一天，還不如花點錢定期請人打掃，孩子也交託給鐘點計費的保姆，讓生活有潤滑作用，增進家庭和諧。

秘訣三、重新定義工作

有經驗的父母都知道，因爲托兒所大都是公寓式的建築，小孩抵抗力弱常常會生病，如果沒有父母長輩幫忙照看孩子，孩子生病時也得親自照顧，那麼選擇工作就非常重要。

選擇兼職的好處在於不妨礙撫養孩子，但比起正式職員，兼職的工作條件較差，這是不足之處。

不過，這種危機未嘗不是轉機，很多女性確定有孩子後就當soho，趁還在職場上就開始爲人脈與錢脈布局，能力佳的甚至可以跟老闆談判另類的工作條件，比如讓她在家以彈性交件的方式繼續上班，如果妳的工作具備不可或缺性，老闆又擔心妳一不上班不止失掉一位員工反而增加一位對手，許多條件就會變得很好談了。如果結婚之初已有「謀算」，在還沒有開始離職待產前就讓自己「佔」住有利的談判位置吧！

而時下很流行的獨立網路創業，也是延伸既有工作資源的另一個選項，許多雙薪家庭靠的不是女性外出上班，而是在家上班。

此外，選擇在離家比較近的地方兼職也是一種形式，這種方式能夠對家庭以外的事件持有自己的觀點，與社會脈動不脫節，而且能讓思維方式跟得上時代。即使不是爲了金錢的緣故，工作也能讓自己更有朝氣。

離職帶孩子的話……

OK！

優點

□參與孩子的成長。

□完整的親子關係。

NG！

缺點

□重回職場卡位困難。

□孩子可以自己獨立的時候已經面臨教養費最重時。

Column

上班媽媽

人的體力與耐力都是有限的，一邊要忍受職場高壓一邊要承受家務鎖事，有周全的時間安排與勞務分攤計畫，要強過自己拚了命的做。

別以為自己可以當無敵女超人，更別試著去挑戰健康極限，這種人只有電影上才存在。

具體作法是，找清潔公司定期打掃、找計時制的保姆、明白區分家事的責任區塊(如：洗碗、拖地是先生的責任；煮飯、洗衣是自己的責任)。

第六節

認識與孩子相關的社會福利

生產、養小孩政府都有部份的優惠補助。雖然跟動輒幾百萬的孩子教養費相比，應該沒有人會為了這些補助而生孩子吧，但是，也別浪費政府的美意啊！

【產假】

·一般產假：

生小孩有8星期(56天)的產假，也就是說這8星期你不用到辦公室上班，但僱主依照規定還是得發薪水。

·流產假：

如果懷孕超過三月卻流產，只要提出證明，僱主依規定要給你4星期(28天)的產假；如果是懷孕兩個月未滿三月流產的，產假有1星期(7天)；如果懷孕未滿兩個月的，產假有5天。

·陪產假

妻子生孩子丈夫有2天陪產假。

【勞保給付】

生產除了企業或僱主應該要給產假之外，有參加勞保的產婦也可以向勞保局提出勞保生育補助。但必須是自己有加入勞保才可以，以前舊制是如果自己沒有加入勞保，丈夫有加入勞保，也可以由丈夫提出申請。但現在只有自己加入勞保才有生育補助。

·給付標準：

女性被保險人分娩或早產者，按被保險人分娩或早產當月（包括當月）起，前六個月平均月投保薪資一次給與生育給付三十日。

要留意公司為你申報的勞工保險投保薪資的金額，究竟是底薪或全薪？

因為生育給付金額的多寡，是依據分娩前六月平均月投保薪資而定，不可輕忽。

各縣市生育津貼 （經常調整，請查詢當地戶政機關）

地區	發放條件	生育津貼
新竹市	設籍新竹市一年以上	第一胎1萬5，第二胎2萬，第三胎以上2萬5，雙胞胎5萬，三胞胎以上10萬
台北縣	生第三胎	壹萬元
	低收入戶	生一胎補助新台幣二萬元左右
苗栗縣、台南縣、台南市	設籍6個月	每胎3仟
台東縣		每胎2仟，雙胞胎以上按比例增加
南投縣	低收入戶	補助第一胎1萬
桃園縣(中壢、觀音、平溪)	補助第一胎	5仟
桃園縣(新屋、龜山)		補助第一、二胎
桃園縣(大溪)		補助第一、二、三胎
嘉義縣	設籍6個月	新生兒每胎5000
高雄市旗津區	設籍旗津者	每胎1萬元
高雄縣蔦松鄉		每胎5仟

Column

育嬰假

按照規定，只要家中有未滿3歲的子女，都可以申請留職停薪的育嬰假，但不能超過2年。如果同時有2個以上的孩子，留職停薪期應合併計算。

雖然這個規定看起來美好極了，但是如果你真的生一個孩子休兩年假，很有可能「再回頭」不但職位不保，公司還存在否都很難說。所以，現實中，一般不主張使用這些權利。即使有人使用了這些權利，最終也因無法忍受工作壓力而辭職。比較理想的狀態是公司形成了一種合作體制，才能使工作和培養孩子兩不誤。但這須要企業整體的工作條件改善，否則只有自求多福了。

第七節

準備養老金，別說太早。

說到養老金，很多人沒有什麼感覺，因為進入老年可能是30年、40年後的事……

養老金想躲都躲不掉

然而，在房子、子女、養老人生三大成本中，只有養老金是不可缺的。

不買房子、沒有孩子就可以不用支付住房資金和教育資金。只有養老金是不能選擇的，因為任誰都會變老，而且老了實在一點辦法也沒有；另外，養老金不像教養孩子，父母的責任期大約設定22年或25年就足夠了，但誰也不知道自己會活到幾歲，如果60歲退休、100歲上天堂，中間就有40年！

據說，未來人類每三年將延長1年平均壽命，如果真是如此，即使抱定永不退休，但生理上能不能被允許？

開始工作就開始存

對年輕人來說，眼前最關注的可能是準備結婚資金、住房資金和教育資金，所以，一般人都會想，等這些資金都有著落了再來考慮養老金吧！可是，儲備養老金實在不能擺到最後，現在應該做的事是開始儲備養老金，每月存5,000、3,000都沒關係。想要把麻煩事拖到後面時，時間就溜走了。即使金額少，持續儲存的話，就會變成習慣，在儲蓄養老金時，更不能忽略「時間」這個重要的朋友，選擇正確的理財工具，長期間投資讓複利效果給自己帶來更輕鬆的儲蓄。因此，一出社會工作就開始想著如何安排退休是一點也不嫌早的。總之，養老金應該是家庭開支中占有一席之地才對。

順便一提的是，20、30年之後，國內是處於「老人國」的情形，所以，不能現在看著悠閒自在地過著老年生活的父母，而以為未來自己的老年生活條件也應該差不多的想像。請先計算一下自己退休可以拿多少勞保退休金、可以拿多少企業退休金，若以每對夫婦2,500萬元養老金計，還多少資金缺口。

退休金要準備多少

	第1支柱 勞保		第2支柱 企業退休金		第3支柱 自己存		
夫		＋		＋		＝	A
妻		＋		＋		＝	B

夫妻退休金目標 A＋B ＝ 2500萬

Column

勞工投保薪資

2005年7月起，原本勞工保險最高投資薪資由最高四萬二千元已經調漲到四萬三仟九百元。

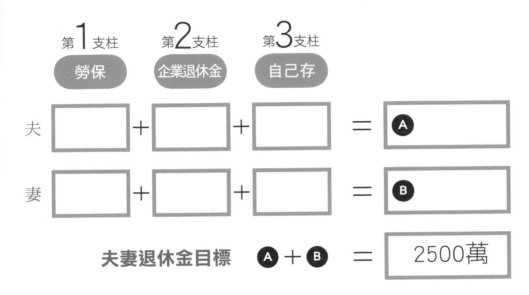

第八節
不同族群的養老金儲蓄法

前文算過養老金每人至少得準備1250萬元。扣除勞保與企業年金不足的部份就得自己想辦法。

接著，介紹一下儲存養老金的具體方法吧！

上班族

如果是上班族，要善用公司所提供的各式存款優惠。

一般說來，公司的各式金融福利措施都優於外面的，如果公司有提供像是「職工儲蓄津貼」之類的一定要好好利用。一方面儲蓄利率高，另外，從薪水直接扣除的話，就不會被花掉，久而久之就是一筆財富。總之，不管公司所提供的是什麼樣的理財優惠，多參加就多儲蓄。

此外，退休金比例也可以申請提撥高一點，雖然很多人會覺得與其放在退休金帳戶等老了才能用，還不如自己把這筆錢拿出來自行投資理財！但是，你眞的會做到這一點嗎？把錢交給勞保退休專戶沒別的好處，唯一就是它能確保這筆錢是用於老了才可動用，而且具有強制性。雖然就利率來講它不是很好的選擇，且金錢靈活度很差。但就養老來說，它比商業保險更具保障，因爲不管如何也不能提早把錢提領出來。

還有，儲蓄險對懶得理財的上班族同樣是選項之一，因爲它的強迫性可以不叫自己莫名其妙的把錢花掉。

自營業

自營業的特色就是沒有退休年齡的限制。因爲不能利用職工儲蓄津貼，就研究一下「定期存款」和「定期定額」！ 由於收入是不固定的，所以，請掌握一個原則，先合理的計算出每月生活費，不管當月收入是錢多或錢少，都讓生活維持在一個既定的水準，接著就按照自己選定的理財工具一步一步的儲蓄。因爲養老金是長期的儲蓄的話，就可以一部分用來投資股票和投資信託等運用商品使它增值。

存養老金是要少額、不知不覺慢慢存

自營業

- 定期投資
- 儲蓄保險
- 定存

上班族

- 儲蓄保險
- 投資退休金帳戶
- 優惠存款

Column

退休金帳戶

如果勞退基金監理會順利通過立法，由政府管理了20年的退休基金，將開放勞工投資退休金帳戶。勞工可以根據年齡、個性等自行選擇投資組合，也可選擇由政府集中操作。不論那一種方式，都可享有銀行2年期定存利率的保證收益。算是很划算。

第九節

單身，錢與健康很重要！

讀者當中有人想單身吧！單身的人更要細緻地儲備養老金。因爲單身到了老年，在某種程度上必須處理金錢的問題會增多。

爲什麼特別要把單身提出來呢？

因爲單身，理所當然所有一切都自己決定，過自己的生活。換句話說，可以隨心所欲地決定家庭收支，這是讓某些有家庭的人很羨慕的地方。

單身，更要有計畫的理財

但是，單身的人花在“興趣、娛樂”上的費用就特別多。因爲沒有家人牽絆，可以傾注所有的熱情實現自己的理想，所以，有些人年輕時就把錢全花在環遊世界或全力發展自己的嗜好。即時行樂眞的沒有什麼不好，不過，總得先把保險與儲蓄還有房子的事先搞定一部份會比較安心。

以單身老人萬一生病需要護理爲例，如果沒有家人可以幫忙，是不是需要花錢請看護呢？而即使老了健健康康的，如果希望過有品質的生活，找一位管家陪住也是很需要的。所以，總體歸納起來，選擇單身錢跟健康缺一不可。

此外，萬一有住院的需要，保證人是必要的，所以身邊有可靠的朋友或遠房親戚都是不可或缺。因此，事先想好有困難時，可以照顧的人，如：侄子、外甥、朋友或社群等。

房貸要選擇短期貸款

就現實面來說，因爲單身不需支付孩子的教育基金，這些支出就應該轉做養老金的準備。最好趁年輕時提早購買房子，並選擇短期貸款早早把房事搞定。如此老了就不怕住房的問題了

另外，比朋友更重要的是早早找到一生不悔的志業，不管是宗教、研究工作或社會工作，其能帶給心靈的滿足感往往超越家人與一般的社會關係，即使餘生都將獨行也不會有空虛感。

總之，抱定獨身要有離開家人親戚的心理準備。

單身族因應老年應該做的幾件事

房子
有安定的窩
存錢
養老金與積蓄的問題
親友
值得託付資產與情感
的親戚或社團
健康
保持良好的生活習慣
保險
醫療與安養的完全照護
興趣
找到一生不悔的志業

Column

投資健康村

未來銀髮村是個趨勢，它不止是因應老了之後住的問題，也是投資理財的一項管道，不過，現在有些直銷公司誇大了這種養生村的增值潛力，選擇時要多加小心。

chapter 3

活絡現金流鐵則

工作、儲蓄、投資

都可以強化家計現金流。

有些基本的理財概念，

啊！早知道早幸福。

第一節
工作，強化現金流的源始

一生現金寬裕，理財雖然很重要，不過歸結到重點還是「巧婦難為無米之炊」，有固定的收入來源並有希望明天能更好，應該算是第一重要的。

這裡所指的「有固定的收入來源」並不是指有份好工作或能擠進好公司（或好公務機構），而是對於跟社會交換資源的能力有信心有把握。

你是那一型的工作者?

未來，永久的國家、永久的產業、永久的企業是不可期，如果你對客觀環境「不爽」，抱怨是沒有用的，唯一的解決之道就是培養自己工作的競爭力。

有關工作競爭力，日本的趨勢大師大前研一把工作者分為三類：

第一類：單純勞動集中型

除了清掃的服務生、速食店炸薯條的員工，許多外表光鮮的白領也在這一類。

第二類：知識藍領

教師、會計師、醫師…等，具備專業知識的工作者。

這類工作者所從事的是附加價值高的工作，但以時間計算給薪，在收入方面很優渥，不過，會計、教學、法律等相關軟體的被開發並平價的銷售之後，這一類型工作者可能被淘汰。所以，只有努力創造附加價值。

第三類：知識白領

以知識附加價值的「成果」來決定薪資。

這一類的工作者薪資收入與前面兩類差距更大，是同質性工作者的好多倍以上。他們通常外文強，可以和全世界的工作伙伴保持聯繫。

很顯然的，未來職場競爭力第三類工作者是最具優勢的。

不過，要成為第三類工作者除了基本的職場條件之外，永遠保持快樂學習的心情是不可或缺。

你是那一型的工作者

Column

高學歷與收入

1995年，大專以上失業人數是4.6萬人，2005年，這個數字已經超過14萬。不止數量暴增三倍。相較全體失業人數，高學歷失業者也是逆向攀升的。

第二節
認識自己的市場價值

在步入職場之前，每個人都有自己的技能，然而，這些專業與優勢並無法永遠保證絕不會被取代或遭淘汰，等到工作到一定的時日之後，你的市場價值將隨著基礎商業能力而決定。

商業能力決定市場價值

什麼是市場價值呢？簡單說就是你的經濟價值。不止是在公司內，也是在公司外評價的價值。

市場價值愈高的人，不論是在那一種類型的職場，都是很被需要的人才，也是收入相對高的。

右頁是商業能力的七個階層圖，工作者的特質愈往上是市場價值愈高的人，也就是愈有條件取得高收入的人。

由第一層往上看，擁有健全的身心是積極耐挫個性的基礎，也是愈往上層發展出獨特的技術與專業要件。

最具競爭力的人當然是這七個階層的條件與能力均備，不過，每個人都有自己的特色與優點，當然不可能樣樣具備，值得注意的是在達到金字塔頂端之前，除了得具備專業與知識之外，由第五層以上，工作者的競爭力就高度仰賴管理、領導與策略等商業能力了。

在現實的職場生態中的確是如此，取得「管理職」往往是上班族平凡與不平凡、有機會與沒機會的一個分界點。這也可以解釋爲什麼職場上現在有那麼多人，選擇再回學校唸EMBA，因爲「領導」、「管理」、「策略」等這些「學校沒教的事」非常重要。

國際菁英？還是台勞？

想把自己變成跨國菁英還是國際台勞？30歲可以說是決定性的分歧點。尤其電腦與網路改變了職場生態，只熟悉單純的專業技能，有可能因爲企業追逐更便宜的資源而逐步喪失競爭力。你可以推算一下如果學校畢業三、五年，尚無法適當的「卡位」爲管理職，職場風險是否會增高?因爲對手已不是公司與國內，而是全世界的人才。

商業能力的七個階層

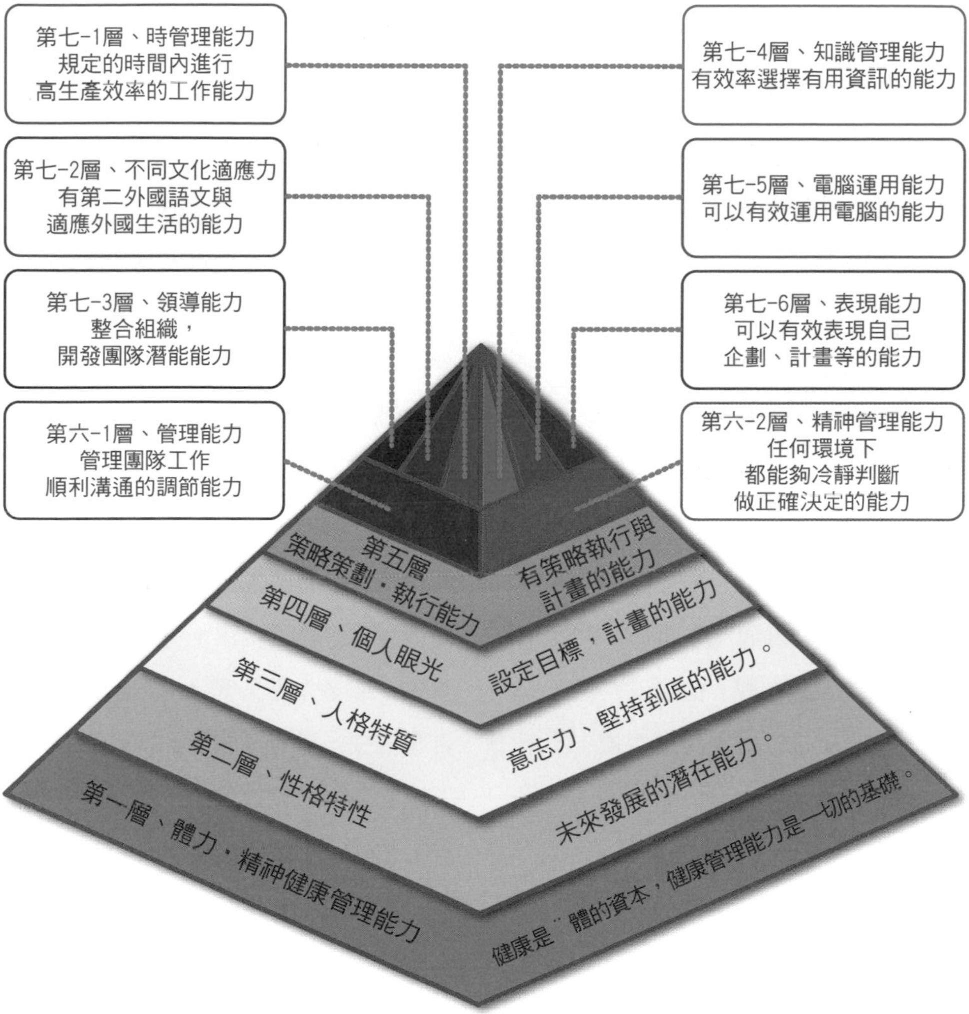
第七-1層、時管理能力
規定的時間內進行
高生產效率的工作能力
第七-2層、不同文化適應力
有第二外國語文與
適應外國生活的能力
第七-3層、領導能力
整合組織，
開發團隊潛能能力
第六-1層、管理能力
管理團隊工作
順利溝通的調節能力
第七-4層、知識管理能力
有效率選擇有用資訊的能力
第七-5層、電腦運用能力
可以有效運用電腦的能力
第七-6層、表現能力
可以有效表現自己
企劃、計畫等的能力
第六-2層、精神管理能力
任何環境下
都能夠冷靜判斷
做正確決定的能力
第五層
策略策劃．執行能力
有策略執行與
計畫的能力
第四層、個人眼光
設定目標，計畫的能力
第三層、人格特質
意志力、堅持到底的能力。
第二層、性格特性
未來發展的潛在能力。
第一層、體力．精神健康管理能力
健康是 體的資本，健康管理能力是一切的基礎。

(因每種職業所需的專業與技能不同，僅供參考。)

第三節

失業了，怎麼辦？

工作是維持現金流動正常很重要的一環，但不管自己再怎麼強怎麼厲害，即使目前正擁有美好的工作還是必考慮，萬一失業或暫時不工作該怎麼辦！如果能在財務上有所準備的話，萬一有一天需要跟爛老板拍桌子的時候也可以比較用力！

緊急儲蓄

生病和失業是讓財務陷入無盡黑暗的兩大殺手，生財之源失去倚靠，除了暫時無法有順利的收入外，銀行的信用也會連帶的受到影響，但自己與家人還是得吃飯、房貸車貸一樣也要繳交，所以，健康的家庭一定得有相當比例的緊急儲蓄。

緊急儲蓄一般上班族大約要準備3個月的生活費用；自營業的家庭，因為勞、健保平常就是自己打理，且收入不穩定，所以緊急儲蓄要準備6個月的生活費。

而這筆救急的緩衝儲蓄，最好是放在銀行定存或其他容易變現的理財工具，忌諱把手頭的所有現金都放在諸如房子、股票等這種難以立刻變現或風險性高的投資理財金融商品上。

這些預備資金看起來沒什麼用，但在緊要關頭卻是很重要的「救命錢」。打比方來說，自己那一天突然想出國進修，但需要離職並有一筆現金，總不能倚靠信用卡或現金卡吧！況且現在銀行對於授信方面也不像過去寬鬆，過去有工作可以申請信用卡，一旦失業了，是否還有應急的信用卡可以使用都是未知數。如果你是一家之主，對緊急儲蓄更應落實，畢竟從一個工作到另一個工作會有多少空窗期誰也不敢保證而有工作的時候，很多家庭除了房貸、車貸之外，許多電器、日用品也採取分期付款購物，因此對於薪水的依賴比我們的父母年代更甚，沒有相當比例的現金存款，是非常危險的。

失業險

緊急預備金平日要準備

上班族家庭

3 個月

生活費

自營業家庭

6 個月

生活費

Column

失業率

主計處94年統計，國內失業人數是43萬人，失業率幸4.14％，每位失業者的平均失業周數是26.4周。也就是平均失業者大都得承受約半年找不到工作的日子。

此外，如果是因爲意外事故而導致失業，除了暫時性的現金問題外，長期的無法取得收入，就得靠商業保險補足了。所以，不妨回頭檢視一下你的保單，看看合約的內容，對於自己無法有謀生能力時提供些什麼保障。

以前國內沒有所謂的「失業險」，一般都是被保險人發生事故，理賠金就當成是安家費。不過，隨著年年的失業率攀升，需求失業保障者日益增加，已有保險業者推出「勞工失業保險給付保險」的保單。

由於失業保險的道德性風險很高，所以保險業者在審核方面也從嚴，不是任意就可以買的險種。不過，以平均薪資每1萬元月繳100元左右的費用來算，如果條件孚合購買失業險費用還不算很貴。畢竟即使是國內500大企業或公務機構也很難保證就眞是鐵飯碗。

勞保失業給付

跳開商業性的失業保險，很多人應該都知道萬一暫時失業了，可以依規定向勞保局申請失業給付吧！

1999年開始辦理勞保失業給付時，如果你自行離職是無法請領給付，但2002年之後，即使你是個人因素而離開原有的工作，也有機會請領失業給付。

請領的金額以勞保投保薪資的60%，最長發給六個月。勞保現行月投保薪資級數最高只有4萬2仟元（2005年7月已改爲4萬3仟9百元），所以，最高每月可領4萬2仟的60%也就是2萬5仟多元。另外，當公司因爲歇業、清算或宣告破產且有積欠勞工工資的事實時，勞工也可以向勞保局申請積欠工資墊償。

勞保失業給付的條件

合以下的條件，就有機會向勞保局申請失業給付：

⑴於非自願離職辦理退保當日前三年內，保險年資合計滿一年以上。

⑵有工作能力與繼續工作意願。

⑶訂期契約工離職前一年內，契約期間合計滿六個月以上，且逾一個月未能就業者。

⑷自向公立就業服務機構辦理求職登記之日起十四日未能推介就業或安排職業訓練。

想進一步了解請領失業給付相關問題，可以直接打電話問勞保局。一旦條件孚合辦理的手續也不繁雜。

失業了，可以領取什麼給付撐一下

Column

失業險

中央產物勞工失業給付保險是國內第一家獲准金管會核准的商業保單。若被保險人在保險期間發生「非自願性離職」，這張保單將依約按月付給失業保險金。

所謂的「非自願性離職」指的是公司關廠、休業、解散或破產宣告等因素而離職，保險公司才有可能理賠。

第四節
善用方法儲蓄

如果不確定什麼時候需要錢，就談不上「眞正的存錢」。

目標，永遠是存錢的第一步！

人生的金錢運轉某個階段手頭會鬆一點某個階段手頭緊一點，這種波浪狀的財務曲線無關運氣好壞，如果你做過資金周轉表，這看得出這是正常現象，重要的是，自己要有錢多的時候儲蓄，當錢不夠的時候就可以使用。

落實「只加一把勁」原則

儲蓄的原則有兩個，一個是「有目的的儲蓄」；第二是落實「只加一把勁」的原則。

「有目的的儲蓄」最少有兩個好處，一個是避免像守財奴一樣不小心存太多了，這樣對人生來說很「虧」不是嗎？再者，儲蓄目標「一次解決一個問題」，達成率會比盲無目標高很多。

第二，什麼叫「只加一把勁」？儲蓄是沒有辦法模仿的，甚至是跟薪水條件很類似的同事也無法做比較，儲蓄只能自己跟自己比，而且目標要放在一次進步一點的位置，太過理想化往往實行沒兩個月就不再繼續了。

每種家庭型態都有不同的儲蓄比例，例如，單身與家人同住可以拿月薪30%當儲蓄；而有孩子的能存上收入10%就可以了(見P106『黃金比例表』)。

大雄的購屋儲蓄計畫

右表是大雄的儲蓄清單，大雄月收入5萬，年終獎金約2個月，居住費是1萬，儲蓄是20萬，爲了5年後能付房屋頭期款100萬，他爲自己製作了一個儲蓄計畫：

第一步：確認5年後的購屋目標A是100萬，儲蓄B是20萬，距離目標還差80萬，因爲計畫5年(60個月)，所以等於每月要存C是13333元(80萬÷60)。

「那就每月硬撐存13333元吧！」

如果不管三七二十一，就是要自己每月存下「理想的錢」，失敗率是很高的。應該先檢查過去金錢的支配是如

儲蓄清單(大雄範例)

第一步 設定目標

A	__5__後的儲蓄目標	100萬 元	－	B 現在的儲蓄總額是	20萬 元
			＝	C A－B除以總期(月)數 每期(月)存多少錢	13,333 元
				D 調整生活支出後的儲蓄目標(見下一個步驟)	11000 元

第二步 利用黃金比例表檢討支出項目。

月平均收入__50,000__元

項目	模型費用	實際支出	正／負	檢討	理想的分配
食費	7,500	6,000	-1,500	OK	6,000
居住費	15,000	10,000	-5,000	OK	10,000
水電瓦斯	2,500	1,500	-1,000	OK	1,500
通訊網路	2,500	8,000	+5,500	3支電話，2條網路專線，有必要嗎？	5000
日用雜費	1,500	1,500	0	OK	1,500
趣味娛樂	2,500	2,000	-500	OK	2,000
置裝	2,500	1,500	-1,000	OK	1,500
交際	5,000	3,000	-2,000	OK	3,000
其他	3,500	8,500	+3,000	停車費、保養費、汽車保險費太耗錢	6000
保險	2,500	2,000	-500	OK	2500
儲蓄	5,000	6,000	+1,000	OK	11000

何，如果要達成理想的話，應該調整那些支出?可行性有多高?

第二步:利用黃金比例(見P106)找出類近自己的家庭型態先算出模型費用，再塡上實際支出，兩者互相比較一下，一項一項的檢討，是否有什麼地方是花用太高可以儉省下來當成儲蓄的。

大雄以前每個月只存6,000元，努力的調整支出比例，最多也只能每月存下11,000元，跟理想上的13,333元還有差距。

所以，大雄現在有兩種選擇，一種是降低目標，也就是買便宜一點的房子、付便宜一點的頭期款;第二種選擇是增加外快收入，讓儲蓄目標達成。

以本例而言，大雄顯然是選擇降低目標，也就是每月的儲蓄目標是11,000元。

快速致富=失敗捷徑

一想到一生要花那麼多錢，有人就會把目標放在如何快速致富上。

快速致富不是不可能，而是機率就跟中樂透一樣!中樂透當然是有機會的，但是可能得先投資很多很多的「賭金」才「矇」到一次。這就像很多人從紙上計算報酬，算出加入直銷或做什麼新興事業可以一本萬利，於是就急急的把儲蓄全部投入，結果通常是很不好的。這並不是說直銷不好、投資不好，而是凡想快速賺大錢的，距離失敗就愈近。套用本文所說的兩個儲蓄原則，快速致富既沒有明確的目的，也不是「只加一把勁」就能達成的，應該算是空中樓閣式的幻想。

儲蓄才是厚植資產的基礎

前文我們長長的把50年、60年之後才會面臨的問題做了模擬，可是，實際執行資金厚實計畫時，時間要控制在讓自己很有成就感的短期目標上。短期來說三個月可以設定爲一個階段，中期大約是一年，長期可以以5年當目標，，簡單說，如果你的財務目標模糊地帶愈少，具體實現的可能性就愈高。

如果沒有目標，糊里糊塗的隨便存錢，當面臨到資金周轉有了嚴峻考驗時，通常就會出現資金周轉不足的問題。而這也就是爲什麼本書一開始就要先試算人生的資金是如何運轉的用意。

儲蓄清單

第一步 設定目標

A ＿＿＿年後的儲蓄目標 ＿＿＿元 － B 現在的儲蓄總額是 ＿＿＿元

＝ C A－B除以總期(月)數 每期(月)存多少錢 ＿＿＿元

D 調整生活支出後的儲蓄目標(見下一個步驟) ＿＿＿元

第二步 利用黃金比例表檢討支出項目。

月平均收入＿＿＿＿＿＿＿元

項目	模型費用	實際支出	正／負	檢討	理想的分配

家計黃金比例

①與家人同住的單身貴族

食費	日用雜費	趣味娛樂	置裝	交際	其他	保險	儲蓄
16%	5%	10%	15%	15%	4%	5%	30%

②獨居在外的單身貴族

食費	居住	水電瓦斯	通訊網路	日用雜費	趣味娛樂	置裝	交際	其他	保險	儲蓄
15%	30%	5%	5%	3%	5%	5%	10%	7%	5%	10%

③頂客族〔雙薪無小孩〕

食費	居住	水電瓦斯	通訊網路	日用雜費	趣味娛樂	置裝	交際	零用錢	其他	保險	儲蓄
12%	20%	5%	4%	3%	5%	4%	4%	10%	5%	8%	10%

④單薪家庭、沒小孩

食費	居住	水電瓦斯	通訊網路	日用雜費	趣味娛樂	置裝	交際	零用錢	其他	保險	儲蓄
16%	20%	5%	4%	3%	8%	5%	6%	10%	3%	5%	15%

⑤單薪或雙薪的上班家庭，有小學以下的小孩

食費	居住	水電瓦斯	通訊網路	日用雜費	趣味娛樂	置裝	交際	零用錢	子女費	其他	保險	儲蓄
16%	25%	7%	4%	3%	3%	2%	2%	10%	5%	3%	10%	10%

⑥自營業家庭，有小學以下的小孩

食費	居住	水電瓦斯	通訊網路	日用雜費	趣味娛樂	置裝	交際	零用錢	子女費	其他	保險	儲蓄
13%	20%	5%	4%	3%	3%	3%	4%	8%	7%	3%	12%	15%

⑦單薪或雙薪的上班家庭，有高中或中學的小孩

食費	居住	水電瓦斯	通訊網路	日用雜費	趣味娛樂	置裝	交際	零用錢	子女費	其他	保險	儲蓄
16%	22%	5%	4%	4%	2%	4%	2%	8%	10%	3%	10%	10%

⑧自營業家庭，有高中或中學的小孩

食費	居住	水電瓦斯	通訊網路	日用雜費	趣味娛樂	置裝	交際	零用錢	子女費	其他	保險	儲蓄
13%	20%	5%	4%	3%	3%	3%	4%	8%	10%	3%	12%	12%

⑨有小孩，且不必負擔居住費的家庭

食費	水電瓦斯	通訊網路	日用雜費	趣味娛樂	置裝	交際	零用錢	子女費	其他	保險	儲蓄
15%	5%	4%	4%	4%	4%	5%	10%	10%	4%	10%	25%

節約要由那一項開始？

Column

財務的捉漏大師

家計比例雖然只是參考值，但它好用得不得了。比方說，家庭收入只有8萬，每月房屋費卻要4萬(含管理費)已經佔了5成支出！如此，你生活費再如何節省，「洞」那麼大，一點用也沒有。

有關交通支出

比例表沒有列出「交通費」，它是含在「其他」項內，最好控制在收入的5％之內才合理。

很多人是因為工作環境需要購車、開車而使交通費暴增的，如果公司有補助交通津貼就另當別論，萬一不是的話，支出比例實在不宜佔太高，否則也會出現「一個大洞」。吃泡麵過日也難補得回來。

居在外的單身族，家計黃金比例表　（其他族群請依表計

比例	月收入	25,000	30,000	35,000
15%	食費	3,750	4,500	5,250
30%	居住費	7,500	9,000	10,500
5%	水電瓦斯	1,250	1,500	1,750
5%	通訊網路	1,250	1,500	1,750
3%	日用雜費	750	900	1,050
5%	趣味娛樂	1,250	1,500	1,750
5%	置裝	1,250	1,500	1,750
10%	交際	2,500	3,000	3,500
7%	其他	1,750	2,100	2,450
5%	保險	1,250	1,500	1,750
10%	儲蓄	2,500	3,000	3,500

40,000	45,000	50,000	55,000	60,000
6,000	6,750	7,500	8,250	9,000
12,000	13,500	15,000	16,500	18,000
2,000	2,250	2,500	2,750	3,000
2,000	2,250	2,500	2,750	3,000
1,200	1,350	1,500	1,650	1,800
2,000	2,250	2,500	2,750	3,000
2,000	2,250	2,500	2,750	3,000
4,000	4,500	5,000	5,500	6,000
2,800	3,150	3,500	3,850	4,200
2,000	2,250	2,500	2,750	3,000
4,000	4,500	5,000	5,500	6,000

第五節
區分活錢和死錢

一樣是錢，但花用在不同的地方，錢就會有不同的情緒！錢依花用的方向分成兩種：

活錢——指使用它能得到很好的效果，應該使用的錢。

伙食費，教育費、醫療費是具有代表性的「活錢」。

死錢——指無法取得效果，無效的錢。

各式利息、手續費和明明沒有在看卻一直在付費的第四台、家庭網路、報紙;或是老忘了關掉電器所浪費掉的電費等等都屬於「死錢」。

重要是檢討死錢的支出

使用活錢使生活變得更豐富；使用死錢使生活受到壓迫。

所以，要儘量使用活錢，並杜絕死錢的產生與流動，是讓財務現金流快樂又健康的第一步。如果沒有辦法清楚的分辨兩者之間的不同，拚命的賺更多的錢但卻讓錢一直流入不快樂的地方，是既沒效率又叫生活感到壓迫的事。

首先，我們來推演一下，「死錢」是怎麼來的？

——下月付不出錢但還是刷卡消費。

→產生利息→變成死錢。

——ATM很方便，常常一仟一仟的領。

→產生手續費→變成死錢。

——家庭網路一個月只用兩次。

→產生月租費→變成死錢

——啊，這個月又忘了去繳電費。

→出現逾期費→變成死錢

——頂客族錢很多，買了高級轎車。

→維修與保險超貴→變成死錢

優質的現金流動方向應該是先杜絕死錢一點一滴的流失，留下活錢為自己營造美好的精神與生活。

花用活錢身心美好

如果你自己列一張表，把每月要支出的錢一條一條的列出來，按照上面的範例與分辨方式，應該就能找出那些是死錢了。

錢也會有情緒……

OK！
活錢
- □吃飯
- □教育
- □醫療

NG！
死錢
- □不小心浪費的錢
- □手續費
- □利息

Column

ATM手續費

以銀行活存利率0.75%計算，存1萬元一年的利息是75元，一個月是6.25元。

與其先把錢存進銀行，每次3、5千元的跨行提領，每提一次就花7元手續費，還不如不要存進銀行。

不過，如果為了保護現金，就另當別論了。而最好的做法是不要跨行使用ATM。

最不智的就是放縱死錢一再的愈滾愈大而壓縮了讓可以增加生活樂趣與能量的活錢。如此一來，日子就容易變得死氣沉沉的，看不到陽光的感覺！

理性的來說，如果可以選擇是沒有人喜歡花用死錢的，但爲什麼生活中會出現「死錢」呢？

消費了超過自己能力的生活奢侈品、生活沒有階段性目標往往是造成死錢來源的兇手。也就是說搞不清楚自己生活「要什麼」的人，就很容易陷入死錢的泥沼。

右圖的「商品消費v.s活錢死錢」對照表可以看出，在日常的花費中，錢的流向區分爲「必需品』、「需要品」和「奢侈品」三種類型，當用錢的項目是愈往必需品方向流動時，使用活錢的成份就愈高；相對的，如果所花用的是愈往奢侈品方向流動，增加死錢的機率就會增高。

生活不可能被要求只購買生活的必需品，爲了興趣與休閒而消費奢侈品，對很多人來說是生活、賺錢、存錢的動力。但是，若超過財力消費就容易形成死錢積累，陷入死錢增加拖累活錢使用的困境。

熟悉活錢、死錢的項目，選擇自己必要的商品，就可以擺脫物慾的煩惱，脫掉無意義的攀比外殼，就可以擺脫死錢纏累感受眞正的自由。

留心汽車的消費死角

關於死錢，以現代人來說最具代表性的莫過於利息支出與汽車，要認眞檢討的話就可以從這兩大項開始。

在這裡我們以汽車爲例子。

當我們看到購車廣告時，不管你是否眞的有需要，常常會被「0頭期、低利率」的付款方式所吸引。但是，如果認眞的把購車的周邊成本包括停車費、保險費、稅金、貸款利息加起來，成本往往不輸給全程搭計程車，當然，更是搭大衆運輸工具的好幾倍。

以65萬的新車，自備20萬，45萬銀行貸款(一般新車的購車銀貸約佔車價的80%，如果你的信用不錯或者有擔保品，銀行可能提供更高的額度)5年60期攤還年利率2%計算，買一輛新車每期車貸是7,895元。

從這個角度看，買車還不算太貴，不過，如果你仔細算一算，把周邊的油資、保險、維修保養等加總計算，平均

商品消費V.S活錢死錢

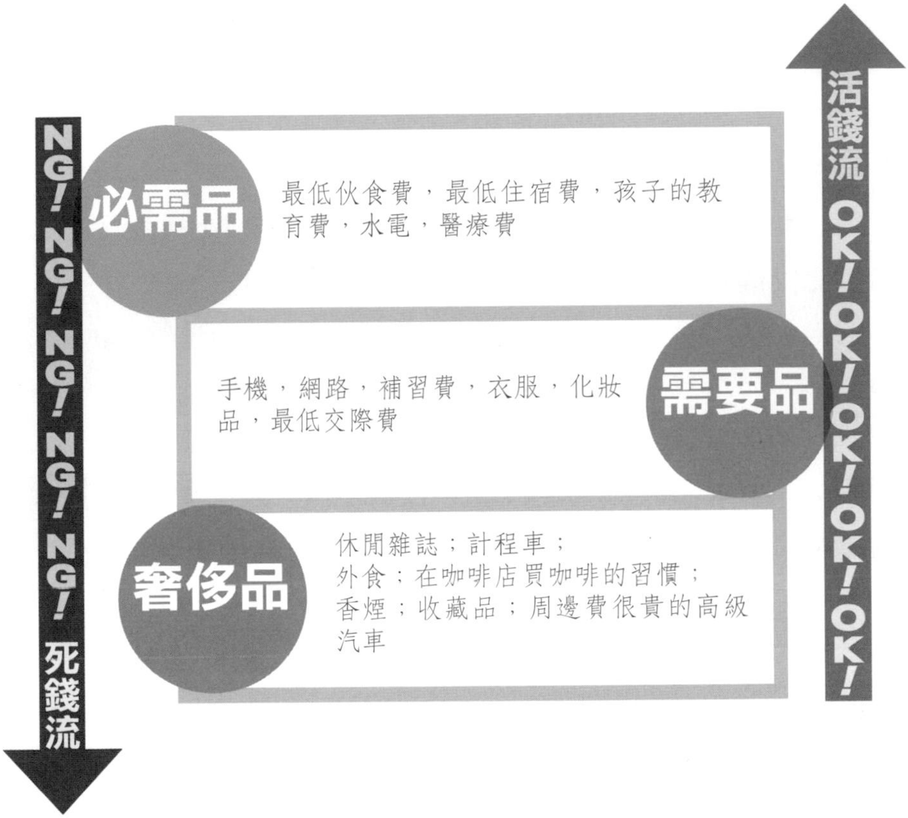

Column

金錢的價值

金錢的價值跟年齡、收入、環境有很大的關係。比方說，20歲時對一萬元的看法與30歲對一萬元的看法就不一樣。

定義什麼是奢侈品、什麼是必需品，即使是同一個人不同階段也有不同的見解。所以，它是無法被比較的。不過，自己一定很清楚。

每月花在汽車的成本可能高達2萬元以上（見右）。如果你的薪資每月6萬元好了，花費在交通費的成本就佔了收入的1/3，假設是月薪4萬，就佔了1/2。所以，請試算看看，如果你上班的地方不提供停車位、住家也沒有購買停車位，手頭現金也還不足一次付清所有汽車價款，當你收入在多少以上，汽車才不屬於奢侈品？

信用卡常是死錢的禍源

除了汽車，利息支出是另一個很重要的死錢因子。以使用信用卡爲例，其衝動購物的約束力會大大的減少，一次、兩次「偷偷」使用循環信用還不打緊，時日一久，就愈來愈捨不得去繳清卡債「反正，每月只要繳最低應繳金額也可以。」

有句話說，欠錢欠久了，借錢的人就會「以爲」其實自己根本沒有借那筆錢，就愈來愈不想還清了。

如果你有記錄家計的習慣一定很清楚的知道，每個月要在吃飯費、交通費等之間省下仟把元的「活錢」就得跟自己拚搏一番，然而，如果你欠銀行信用卡超過10萬，每個月銀行就毫不留情的從信用卡帳戶中提取將近1千元當成循環利息（10萬×20%×1/12）。假設你是輕輕的動用一下預借現金1萬元，光是手續費就要付出350元左右。

看吧！使用信用卡「死錢」的發生何其容易啊！

因此，除非有能力每個月繳清信用卡費，或者能利用年終獎金一次付清，或是只繳交三、四個月的循環利息尚可接受，超過就太傷荷包了。

用卡，只信你手別信你腦

信用卡購物好處不少，使用的重點就是要「善加管理」！

卡片的管理第一要點就是不能相信自己的頭腦。記帳，雖然看起來有點落伍，但它卻是最有效的信用卡管理方法，有用卡的人最好準備記帳簿子把每張卡片的信用額度、利率、結帳日、入帳日、付款日、可使用的折扣店、不定期的優惠條件、紅利積點的目標贈品與條件都整理在一塊兒。最好是能買一本信用卡專用的家計簿（恆兆文化出版社有售），它自動把現金與信用卡消費分開記錄，個人財務就不容易因爲信用消費而出現黑洞。

購車成本與費用

相關費用	每月付出	說明
油費	4,000	都會區平均。
停車	6,000	住家：3,000 公司：3,000
貸款	7,895	貸45萬，年利2%，5年60期
保險	2,893	強制責任險：2,300。損失險：30,000。 第三責任險：3,500(35,800/年)
稅金	1,453	燃料稅：6,210。牌照稅：11,230。(17,440/年)

65萬新車，每月平均耗費：22,241元

Column

什麼事令人害羞

以前，大刺刺的數鈔票、算計錢總叫人有點「那個」。可是現代化的金融環境，不熟悉金融環境才是叫人害羞的。因為那意味著對自己的金錢不負責任。也就是對自己的人生不負責任。

第六節 有效率的節約

企業界所謂的「最終價格策略」，也就是在選擇商品時，不是單一考慮商品目前價格，而是把「能用多久」、「使用時情緒如何」、「需不需要花很多力氣維修」、「產品出問題的機會有多高」……等等一併考慮進去。

節約，別指望「廉價商品」

家庭生活消費也是一樣，雖然「便宜沒好貨」不是一定的鐵則，可是若只爲了貪圖一時的便宜而花下更多周邊成本，結果反而是付出更多的。因此，在消費任何商品時，應該要多想兩步，以「最終價格」來考慮那一種划算。

比方說售價便宜的冷氣，最終也許還得每年花高昂的保養費；郊區的房子比較便宜，但每天通勤時間交通費反而更高；搶百貨折扣最後卻搬回一堆用不上的保養品……。

買「廉價品」節約的優點在於當時可以節約資金。缺點就是會有所犧牲。如果當前節約下來的錢最終還是會花費在別的地方，就應從長遠的角度來考量選擇划算的一方。

有價值的商品，也別節約

記得曾看過一則新聞，一位大學生寧可半飽半餓的過半年，就是要存到12萬元買下一組夢幻的骨瓷餐具……。對這位大學生而言，他一點也不覺得辛苦，反而每天活得很有活力。

在這裡爲什麼舉這個例子呢？

管理家計的時候，雖然管理者與被管理的對象都是「一家人」，但每個人的生活專注與夢想其實都不相同，有些在別人眼中很不具價值的商品，對某些人來說卻是可以割捨掉所有享受以換取的東西，因此，請務必尊重家中其他成員的「有價值消費項目」。

畢竟理財的最終目的還是建立快樂、了無遺憾的人生，若是爲了積累財產而讓全家過得神經兮兮，就因噎廢食了。而且不理性的節約也不會持續。

盲目節約對現金流不一定有益

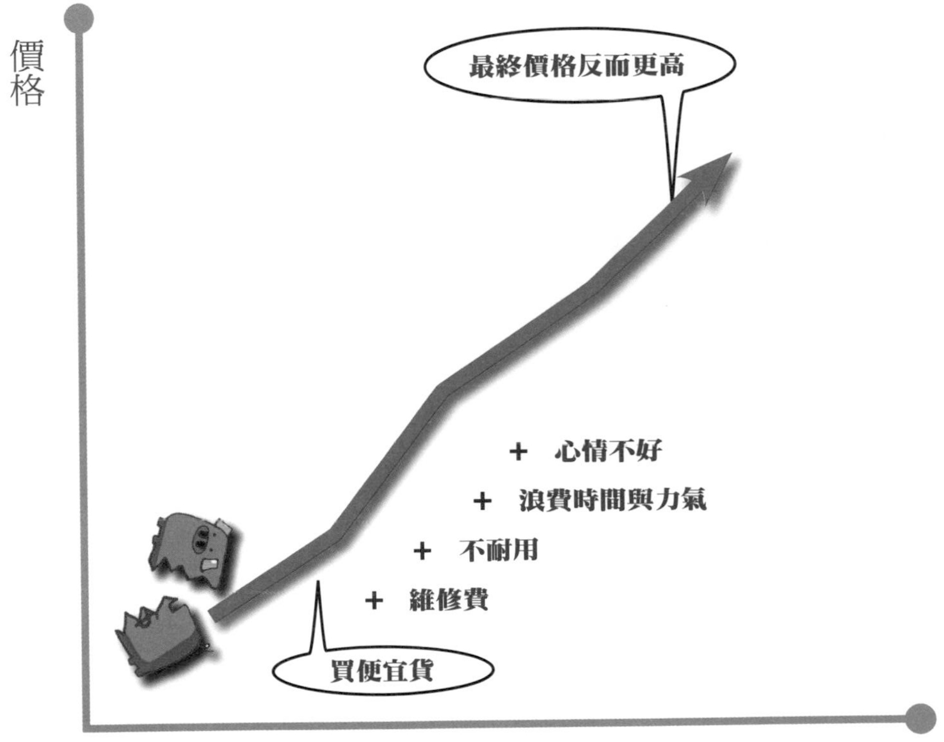

Column

購物焦慮症

有些人不斷的買買買，是心理疾病所引起的。如果一再陷入那種匱乏感的人，最好能找時間好好的想一想，究竟自己心底真正的聲音是什麼。必要時也可以請教精神科醫師。

第七節
安排金錢使用順序

必要用的錢永遠不缺!這是有心理財的人共同的希望，在不增加收入的前提之下，利用「金錢順序」的安排改變，也可以達成目的。

一般習慣用錢的順序是：我的收入4萬元，加另一半的5萬，一共是9萬，這個月繳了房租、水電和吃飯錢，最後剩下5,000元……，那麼，這個月就存5,000元！

讓生活雜支費縮小

要提高金錢的利用率，這種用錢順序是一定要改變的。

領到薪水之後，第一個要安排金錢流向的應該是「儲蓄」與「投資」，其他剩下來再來進行生活雜支的安排。所以，假設每個月你要存1萬元，應該是9萬扣1萬，其他的8萬才是生活費。

看著有限的薪水與一堆想要買的東西，如果還想存錢，沒有正確的儲蓄方法就容易一個月拖過一個月。但如果你開始力行這種金錢安排順序方法，很明顯就能感受到存錢變容易了。尤其是單身族與頂客族，如果沒有正確的用錢順序，消費胃口會愈養愈大。

爲了不讓儲蓄計畫一個月拖過一個月，最有效的就是讓這筆錢在月初時就「自動歸位」，比方說，到銀行申購定期定額基金、買月扣型的儲蓄保險、跟會、到銀行開零存整付帳戶……等等，總之，儲蓄一定要先於生活費被考慮，而在作這個動作之前，「家計帳」一定要清楚，因爲如果不清楚的話，給了自己過高的目標很容易計畫失敗，而給了自己過低的目標，讓錢毫無目的的浪費在小事情上又十分可惜。

初次想要理財的人常常有種很茫然的感覺，好像這些小錢發揮不了什麼做用，與其要一塊一塊的省，還不如率性的花掉好了。

理財是會上癮的!看著錢逐漸的長大，即使數字很小但那種戰勝自己的成就感往往比不節制胡亂消費的失敗感來得滿足。這也是存錢的好處。

薪水安排的次序

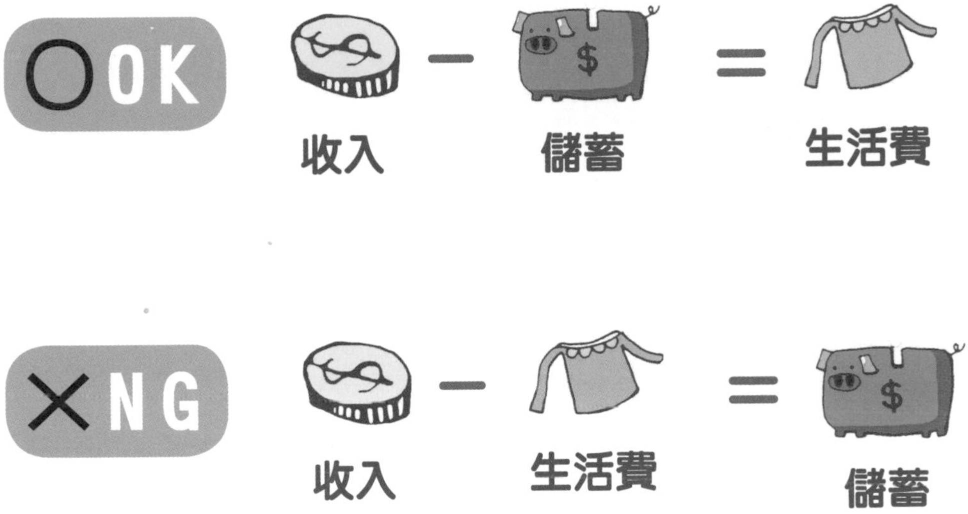

Column

主婦零用錢

不管家裡是誰管錢，應該像公司的會計一樣，管錢的人也該有自己的一份薪水(零用錢)。

很可惜的是，許多主婦是把家計全都當成自己零用錢使用的。比較理想的方式是要把家用的與私用的分開，私用的錢就是自己的零用錢，如此既有成就感又可以活絡家計。

試想，如果一家公司的營運資金全都當成零用金使用，財務不分類將造成公司很大的混亂。

第八節

投資，使存款增加

投資越早，效果越好！這句話不是保險公司或基金公司的廣告詞。事實上，就是如此。

時間跟金錢有什麼關係呢？

簡單來說，時間就是金錢，「早」投資的話，等於是可以拿出多一點的時間被換成金錢，而且，這些「時間」不需要像到速食店打工一樣得不停的工作工作工作，找到正確的方向的話，就是我們把無意中用掉的時間換成金錢。

年輕時候投資，可以拿時間換成金錢的數量就更多，理財就愈輕鬆。

投資與不投資；富貴與貧窮

在次頁(P122、123)的比較表中，一位是20歲到59歲的40年內，每年存10萬元於年複利5%的理財工具上；另一位同樣每年存10萬（假設利息爲0）完全不投資。兩者之間有什麼區別呢？

結果非常令人吃驚!40年後，完全沒有投資的人擁有400萬；投資5%複利的人，擁有1200萬。透過投資，財產增加了三倍!

退休了，還是要理財

以上的兩個人到了60歲退休之後，同樣面臨存款停滯期—存款只出不進，如果兩人均以每月5萬元的生活費(一年60萬)過日子，擁有1,200萬存款的那一位每年繼續5%的投資報酬，其利息收入就足夠支應每月的生活費，身邊就可以一直保有1,200萬的存款；而只有400萬存款的因爲本來就沒有投資，老了也不可能突然就學會投資，所以就只有靠年輕時存下來的存款過日子，只出不進的生活一到了67歲那年就得面對存款的「赤字期」。

年輕時辛勤工作年存10萬，一個老了之後生活像富翁，一個是窮光蛋，投資與不投資最終的經濟能力完全不同。

這幾年經濟不景氣，講到「投資」總給人一種投機的印象。但如果能夠以正確的心態投資，不僅能夠克服人生的危機，還能夠充滿信心。

一樣年存10萬，理不理財差很多

時期	投資方式	存款變化
有理財退休前	20~60歲每年存10萬 年複利5%	1208萬
有理財退休後	60歲後不再投入 既有存款年複利5%	1208萬
不理財退休前	20~60歲每年存10萬	210萬
不理財退休後	60~90歲只花用儲蓄	-1400萬

Column

長期間與長時間投資

手中有100萬，放進定存或買股票等，接著什麼也不管就是等時間，那是「長時間」投資。

手中有100萬，計畫20年後會用到這筆錢，先規畫分散風險並選擇不同理財工具，每半年或一年檢討調整一次理財組合，就是「長期間」投資。

金融環境變動甚鉅，理財不能偷懶，有計畫的長期間投資要優於等等等等的長時間投資。

有投資與無投資的存款比較。(退休前)

有投資者假設每年存10萬，年複利報酬5%。

年齡	有投資	無投資	差額
20	10	10	0
21	21	20	1
22	32	30	2
23	43	40	3
24	55	50	5
25	68	60	8
26	81	70	11
27	95	80	15
28	110	90	20
29	126	100	26
30	142	110	32
31	159	120	39
32	177	130	47
33	196	140	56
34	216	150	66
35	237	160	77
36	258	170	88
37	281	180	101
38	305	190	115
39	331	200	131

年齡	有投資	無投資	差額
40	357	210	147
41	385	220	165
42	414	230	184
43	445	240	205
44	477	250	227
45	511	260	251
46	547	270	277
47	584	280	304
48	623	290	333
49	664	300	364
50	708	310	398
51	753	320	433
52	801	330	471
53	851	340	511
54	903	350	553
55	958	360	598
56	1016	370	646
57	1077	380	697
58	1141	390	751
59	1208	400	808
60	1278	410	868

相差3倍！

有投資與無投資的存款比較。(退休後)

有投資者以儲蓄複利，年報酬率5%。

年齡	每年花費	有投資	無投資
60	60	1208	400
61	60	1208	340
62	60	1208	280
63	60	1208	220
64	60	1208	160
65	60	1208	100
66	60	1208	40
67	60	1208	-20
68	60	1208	-80
69	60	1208	-140
70	60	1208	-200
71	60	1208	-260
72	60	1208	-320
73	60	1208	-380
74	60	1208	-440
75	60	1208	-500
76	60	1208	-560
77	60	1208	-620
78	60	1208	-680
79	60	1208	-740
80	60	1208	-800
81	60	1208	-860
82	60	1208	-920
83	60	1208	-980
84	60	1208	-1040
85	60	1208	-1100
86	60	1208	-1160
87	60	1208	-1220
88	60	1208	-1280
89	60	1208	-1340
90	60	1208	-1400

兩人都是60萬/年生活！

沒投資，67歲已用光所有存款。啊！還沒撐到上天堂已破產！

有投資，只用利息（1208×5%＝60.4）就足夠退休後生活費。所以本金一直沒動用！

第九節
用儲蓄做本，用投資生錢

如果把投資目標放在前文所舉的例子「年複利5%」會不會太難呢?

老實說，這不是容易達成的目標，既沒有捷徑也沒有100%達到的方法，它是需要學習的，而且有風險!

既然困難度不算低，而且還存在風險，有些人就會認爲「投資沒用」所以就不涉足了!這樣也不對。因爲現在的社會即使用最保險的方法把錢存銀行一樣也有風險，因爲物價上升，儲蓄就會貶值。

可以這麼說:投資與不投資是一樣存在風險的。在理財方面，想要有一定的回報，就得冒一定的風險。既然有風險，那麼就加強自已控管風險的能力吧!

儲蓄與投資必需分開考慮

在進入投資理財的門檻之前，首先要認識：儲蓄與投資是不同的。

儲蓄，目的是爲了預防事故，或有具體的用途如換車、買房子、爲孩子的教育資金或20年、30年後的養老金而準備的。

投資，就是將目前用不到的錢，找到適合的工具，讓錢配合時間的因素爲自己工作。

「儲蓄」與「投資」都是存錢，但因爲最終目的不同，一開始我們就得把它們分開，並選用不同的理財工具與不同的對待心態。

像這樣，預先把金錢的目的想清楚，在進行理財之前是很重要的。因爲唯你先把存錢的目的搞清楚了，你才可以輕鬆的爲錢做分類，也才容易找對理財工具。

舉例來說，爲預防事故而存的錢，它就是儲蓄，因爲它必須隨時取用，所以方便性與安全性的考量就遠勝於利息；但如果是10年以上才需要使用的錢，就要試著想想有什麼方式是可以讓其增值的。這就是投資。

所以，投資的錢一定是建立在已經

儲蓄的錢與投資的錢不同

Column

企業管理與財務管理

在職場上做到管理階層就必須管理下屬，不能像初出社會一樣凡事自己做。如何「管理」讓團隊發揮戰鬥力是成敗的關鍵。

相對的，對財務有野心的人也是如此，在累積了相當的儲蓄基礎之後就要「管理」。一個好的戰鬥團隊必需有人負責後勤安定，有人負責開發各司其職才能兼具發展與安定。錢也一樣，先把錢分類，再為他們指派自己的工作，有些錢是管安全的，有些是管報酬的，有些則是打游擊的。

有基本的儲蓄之上。如果你沒有基本的緊急儲蓄金與生活費，就不可能有條件談投資。也可以說得先有儲蓄作本，才可以有投資生錢。

間接金融

接著大家就了解一下，儲蓄與投資跟理財工具之間的基本概念。

大家都應該有把錢存進金融機構(如郵局、銀行)的經驗吧！

把錢存進金融機構就是存錢，存錢的一方取得固定利息，金融機構則依約付利息給存款人。

如此，銀行拿了存款人的錢做什麼呢？它當然不會一直把錢放在金庫裡，銀行是輾轉把我們存進去的錢再貸出去給需要的個人或企業，以取得高於它付給存款人的利息。

像這樣，存款人的錢間接由銀行轉手借出去，這就叫「間接金融」。

直接金融

另一種方式是，假如存款人不把錢放進金融機構，而是直接把錢借給企業或個人，例如你買甲公司的股票，等於是甲公司的股東，也就是直接把錢放入公司的口袋任其運用，這就叫「直接金融」。直接金融對我們這些把錢借給企業的人有什麼好處呢?當然就是直接分享企業所得的利潤了。不過，同時也分攤了企業的損失風險。

綜合理財成為趨勢

過去，銀行是個人與企業主要金錢往來的對象——人們透過銀行存錢，企業透過銀行借款。但未來則愈來愈傾向直接金融，也就是企業喜歡發行股票或債券作爲資金調度的方法，人們則透過買股票或債券參與企業。

爲什麼？

如果企業可以「印股票換鈔票」，何苦讓銀行賺一手？

就投資人一面，有機會跟著企業一起成長，期望值比低利定存有空間。

所以，不管你的理財態度是積極還是保守，如果間接金融利息不提高，人們總得朝向直接金融「自立自強」。

投資有風險也有陷阱。進行投資時，自己收集、研究是很重要的，更別只是讀一下書就以爲能瞭解所有東西。這裏只是介紹最起碼的知識，所以，請把它當作學習的第一步。

直接金融與間接金融

Column

十年內用不到的錢

單靠存款儲蓄增加收入是很難的，因此，把十年以內不會用到的錢用來投資是明智的。但不要忘了學習風險管理。

第十節
由小額投資開始

實際上想試著去投資時，就會發現投資種類比儲蓄商品種類還多。因爲投資帶著風險，所以，一般初學者會先觀望或請教別人，有時那種一定要理財的「熱情」一過，還沒有開始行動就不了了之了。

其實，不管三七二十一，試著從3、5仟元這種可以接受的金額開始吧！就當是繳學費也無所謂，總之，投資的學問太大了，值得你一輩子去學習、摸索，若是很緊張的要求自己第一步就走對，那可能永遠也沒有那一步。

投資的基本獲利模式

投資商品有數不完的種類，除了股票、國債和公司債券證券型的投資，還有外幣存款、黃金和不動產，以及委由專業經理人爲你資金操作的基金投資，甚至民間常見的自助會也是一種投資。

前文提及，投資是參與企業成長的一種直接金融的方式，就像我們養了雞，目的是希望雞能下蛋一樣。不過，在實際參與投資活動之後，將發現任何投資商品價格是經常發生變化的。

投資者要獲利，原則就是儘量在商品便宜的時候買下，漲高的時候賣出，從中賺取差價（從購買值與賣出值的差中獲利），如此，你所投資的錢就有機會增值了。

不盲目湊投機的熱鬧

但是，即使是投資專家，也不能100%預測出價格的變動，這就是投資難的原因。

投資商品的價格又是怎麼忽高忽低的呢？

簡單的原則是，想買的人多價格就會上升；想賣的人多的話價格就會下降。

因此，當大家都注意這個商品而使得價格逐漸上升時，如果你也湊熱鬧說「那我也買」，很可能就會在價格最高的時候買進；一旦大家都覺得價格已經夠高了，想要賣出獲利，賣的人逐漸增

投資獲利的基本模式

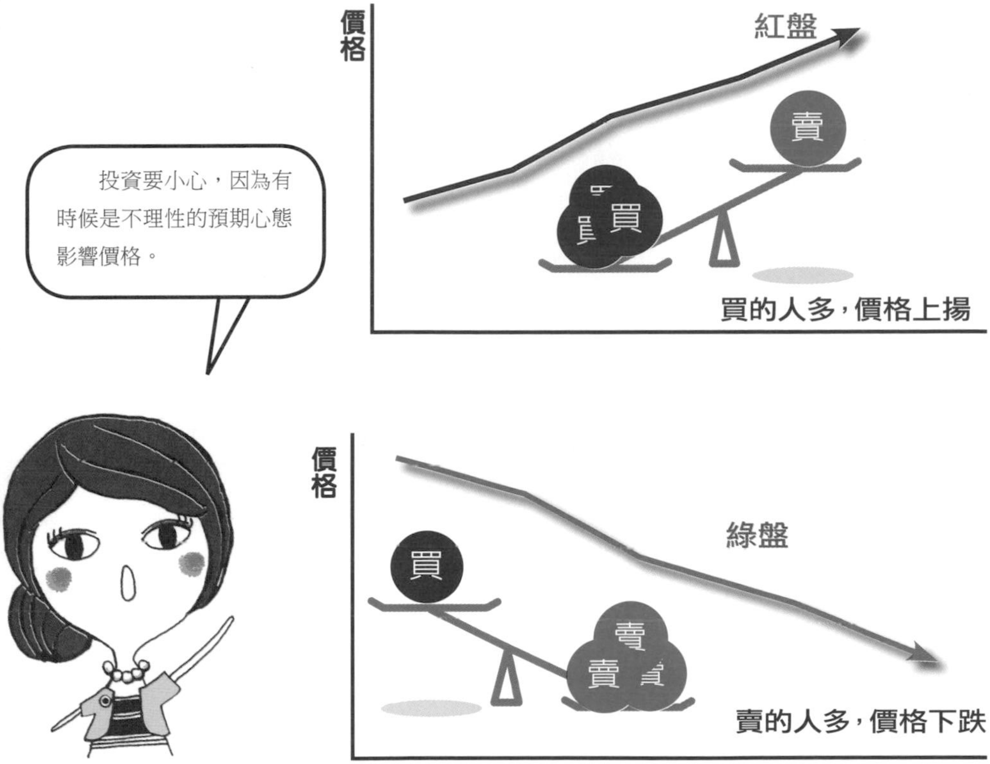
投資要小心，因為有時候是不理性的預期心態影響價格。
價格
紅盤
賣
買
買的人多，價格上揚
價格
綠盤
買
賣
賣的人多，價格下跌

Column

不學投資，可以嗎？

一直在2000年以前，國內一年期實質存款利率(名目利率減去通膨)還是「正值」。也就是說你手中所持有的新台幣，扣掉物價上漲後，購買能力都還有增加。不過，過了2000年後，國內的實質利率一直在「負值」邊緣掙扎。如果實質利率已經是負值了，那麼持有現金，反而是風險。

多，價格就會下跌，如果你也湊熱鬧說「那我也賣」很可能就會賣在低價，如此高買低賣就形成了損失。

如果是投資外幣或其他海外金融商品，則除了買家、賣家多寡的因素之外，還存在著因為該國的金融態勢和社會狀況出現匯率變動的風險；而股票和債券，也有發行的企業破產的風險。

因此，初次購買投資商品時，有必要親自把相關商品的組成、風險等請教銷售人員直到理解為止！不僅是購買的價格，問問過去的價格變動和手續費等也是很重要的，有些人會認為自己的投資金額不多就不好意思問太多，其實任何一項商品，相關的銷售人員都有義務為消費者解釋清楚，尤其是金融商品不管是證券營業員或銀行代銷人員都是消費者的入門免費導師，千萬別讓自己的權益睡著了。

累積型的商品分散錢和時間

定期定額基金是很多人的投資第一步。的確，每月從帳戶扣除自己可負擔得起的金額，進行長時間投資，因為投資金錢分散(每月扣款)，投資的時間也分散，加上基金本身就已經是多項投資標的的組合，所以，可以有效的達到分散投資的目的。

不只是定期定額基金，股票也同樣可以自己進行分散投資，比方說，你每月只有2仟元的預算買股票，中意的股票股價目前是50元/股，如果買一張(1000股)就需要5萬元，可是，不買一張的話，也可以只買零股，以預算2仟而言，這個月你就是可以買40股(2仟÷50元＝40股；不計稅與手續費。)等到下個月發薪水了，你還是以2仟元買股票，而當時的股價跌了只剩40元/股，就可以買到50股(2仟÷40元＝50股；不計稅與手續費。)

另外一種方式是你評估自己的能力，訂定一個「每月固定買幾股的計畫」，如上例，如果你每月不管股價漲跌，固定買50股。股票在50元的時候，這個月就投資50×50=2,500元；股價在40元的時候就投資40×50=2,000元。

投資能力是在自己每期可以接受的範圍，但計畫用那一種方式自己先規畫出一套辦法，守規矩的一點一點累積，就可以達到價格分散、時間分散的作用。即使價格突然間大跌或大漲也不致因為一口氣買賣而損失太大。

累積型的投資商品，分散風險

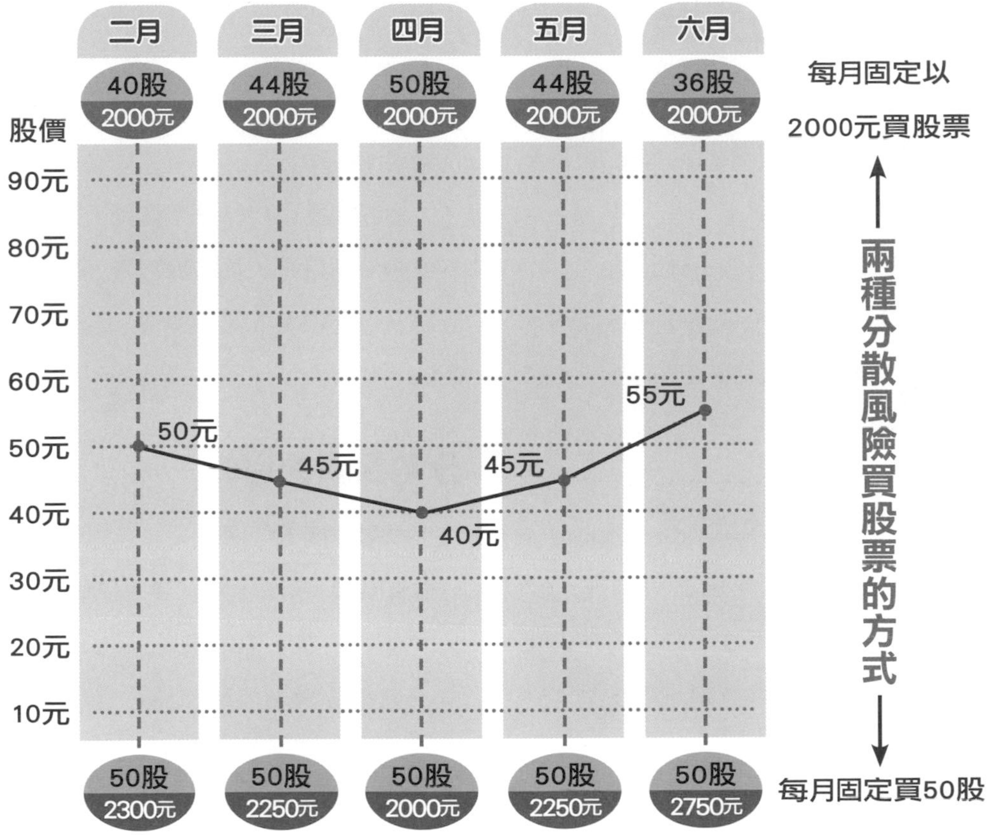

投資的風險

投資並沒有如期待的得到收益或投資的本錢也有虧損的危險性，就是投資的風險。

例如：商品價值下降或是金融勢態和浮動匯率的變動等，都是投資的風險。

第十一節
分散投資

前文提及定額分期買進股票的分散投資方式，在應用上分散投資還有很多形式。

了解什麼叫「分散投資」？

分散投資就是把資產換成幾種不同的商品，讓資產在保持價值的同時，還有其他增值的機會。

分散投資的三種形式

保護資產是任何儲蓄與投資的前提，既然風險無所不在，最好的方式就是分散投資。分散投資歸納為以下三種形式：

⑴期間分散：短期、中期、長期。

⑵財產分散：現金存款、股票、不動產。

⑶貨幣分散：新台幣、美元、歐元、日幣等外幣。

每一項投資都可以由上面三種形式找到它的位置。

比方說，我以10萬元、一星期短期買賣股票。把它拆解開，這項投資就是以「新台幣形式」持有「短期」目的的「股票」。

假設我為了要移民而購買了高利息的澳幣長期持有。把它拆解開，這項投資就是以「澳幣形式」持有「長期」目的的「存款」。

分散投資的目的

如果你問老一輩的人，他們是如何分散資產的，所得到的答案可能是—

為了保護手頭的資金並隨時可取用，一部份資產要放在銀行當現金存款;第二部份為了獲利，所以就買股票;第三部份則是不動產是預防通貨膨脹。

以上，在過去的確是個好答案。

不過就現在來說，它只考慮到財產分散，沒有再進一步考慮期間分散與貨幣分散。

舉例來說，以前大家都覺得錢存銀行萬無一失。過去國內有所謂的「金融重建基金」制度，也就是萬一銀行倒閉，存款戶還是可以得到相應的保障，

金融機構倒閉了，你的保障……

銀行如果倒閉

· 每家銀行存款保險最高100萬

Column

定存之外……

走出只有定存一招，看看世界也看看國內還有什麼好的存款機會吧！

舉例來說，新台幣目前利率很低，可是，澳幣、紐幣一年期的定存利率可達7％。不過，要嚐到這種投資的甜頭，做功課絕不能偷懶，因為匯率會影響投資的效益，而且也要了解資金的安全度與投資門檻。

總之，理財沒有那種「很輕鬆」的事兒，除了得冒點風險，第一步就是要認清各種投資工具的屬性，以免在金融市場上迷航。

但2005年7月後金融重建基金已經退場，存保恢復到100萬的限額，也就是一個人在同一家金融機構存款保障最高只有100萬！

假設你在甲銀行的台北、台中、台南等三個分行各存100萬，萬一甲銀行倒閉了，你還是只能拿回100萬。又假如，你在甲銀行存了300萬，但同時也在甲銀行有500萬的貸款，那麼，是不是可以就直接抵銷呢？

銀行當然不會那麼好心的，假設銀行雖然倒了，但你所貸的500萬還是得按照約定的繼續還錢，而你所儲蓄的限額賠付最高也還是只有100萬。

理財，一定有風險

再來想一想，銀行是否有倒閉的可能性呢？

銀行是用錢賺錢的企業，銀行拿了大眾的存款去放款、投資、賺利差，如果銀行經營不善或是內控不好，貸出去的錢收不回來，銀行也有可能會倒閉的。存款人必需了解「這是風險」。

此外，雖然前文也鼓勵大家好歹買個房子，不過，購置不動產就眞能預防通貨膨脹嗎?首先要了解的是，未來已經不是經濟一定逐年成長、通貨不一定年年膨脹，所以，購置不動產也不一定今年買明年價格還會上漲……

股票風險性就更高了！

總之，在進行投資之前，要有風險概念，不能對單一投資工具過度的樂觀而把「重金」全都押注在上面，以避免萬一情勢不對的時候損失超過自己所能承受的。至於如何自己搭配理財組合達到既分散風險且追求效益，就要參考各種分散投資的概念了。

認識「期間分散」

短期——投資期間不滿一年，任何時間都能使用的流動性資產

中期——投資期間約一～十年，確實能夠增值的安全性資產

長期——投資期間在十年以上，能夠大幅增值的收益性資產。

我們來看一下生命周期中所需的資金。

短期——必要的資金包括生活費、購物，大約3個月到半年。

中期——包括房屋頭期款。

長期——小孩教養費與養老費。

期間分散的理財目標就是讓每段投

投資風險分散 1

期間分散

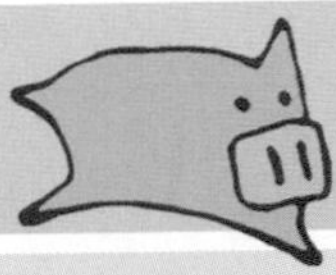

	短期 （1年內）	中期 （1～10年）	長期 （10年以上）
理財需求	生活費 購物	房屋頭期款 結婚	養老 教育
收益性期望	沒風險 沒報酬	有短期風險 有最終收益	風險大 收益可觀
適合工具	活存 定存	債券 外幣定存 基金	股票 儲蓄保險 不動產

Column

你要創造投資神話？

巴菲特有句銘言「我不試圖越過7呎高的柵欄，我到處尋找的是我能越過的1呎高的柵欄。」

媒體上偶而會出現有關投資致富的故事，聽起來好像「一夜致富」很容易的樣子。

別想創造神話，投資大師一跨步也不過1呎。所以，別企圖創造神話。咱們有巴菲特一半的投資效益就很不得了了。

資期間結束之後，將投資標的物換成現金可以取得的最大回報。

換句話說，如果你這筆錢目的是要養老的，就不宜以「短期投資成敗論英雄」，應該用長期的報酬收益來看待。如果這筆錢是生活費，就不該企圖它可以創造高報酬。

期間分散的投資標的

配合期間分散所採取的理財工具可是怎麼樣的搭配呢？

短期——因爲需要快速的現金化，所以幾乎沒有什麼風險，但相對應的也沒有什麼收益。適合像是現金或活存。

中期——有一定程度的風險。在投資期間即使出現短暫的損失，但應該期望它過上一段時間，還是可以等得到利潤的出現。因此，適合「最終還是能有收益」的投資標的。適合像債券、外匯存款、基金。

長期——風險比較大。尤其像養老金，往往需要30年以上的時間，即使短期有損失，但從長遠來看，收益要很可觀的。適合像股票、不動產。

自己定義投資標的

以上列舉的短、中、長期投資標的只是一般情況，不是既定的標準。最終還是得決定於自己對該項投資的「定義」。

舉例來說，有人買賣基金操作期間不超過一個月，也有人買基金是當成20年投資的；不動產投資，有人規定自己買賣不能超過一年，目的是爲了謀取短期差價；也有人購置一批房屋，長期出租取得租金，更有人是從阿公的手上持有一直到現在。另外，像是買賣股票，如果通過財報等資訊預測公司的長期展望可能就是準備長期持有，如果是利用趨勢線圖可能就是短期進出。

所以，投資是很個人的事，不管別人怎麼評斷某個投資標的，你得都先對它有個計畫，準備把它擺在你商品組合的那一塊？接著再由報章、書本雜誌一點一點的吸收相關知識。

財產分散的必要性

每家銀行的櫃檯旁一定會有利率表，打開電視你會看到股價的變化，此外，基金、匯率、國債利率、不動產，每一項投資物件的行情可以說是天天在變化的。

投資風險分散 2

財產分散

Column

金錢中繼站

想投資，想的當時就是投資最好的時機？

當然不是。

每個人都該有自己金錢的秘密基地，就當它是金錢中繼站，在還想不出有什麼好投資的標的物之前就先把它收在那兒。一般來講，大家都會以「短期定存」當中繼站。

如果我們把資產只偏倚一方，比方說股票好了，可是期待的上漲並沒有開始，那麼投資下去的錢就可能一直縮水。但是如果事先有分散投資，比如一部份放在房地產、一部份買黃金、一部份買股票，不同投資物件的高峰與谷底相抵，風險就可以降低了。

投資，做熟不做生

分散投資勢必會有「不專心」的情況，也就是無法一口氣照顧到那麼多種不同屬性的投資標的；此外，如果有收益的話，也會因爲分散投資而使收益變少。所以，在分散財產之前要以自己有把握的投資標的爲主，並絕不碰自己不熟悉的理財領域。投資最忌諱人云亦云，因爲自己不了解沒有自信的話，當投資失利就容易倉皇賣出而遭受損失。

貨幣分散的必要

貨幣分散的重要性未來會愈來愈重要，以前買外幣「避險」聽起來似乎是有錢人啦、生意人啦才必需做的事，但現在即使你每月只能存五千一萬，也要試著把貨幣分散喔。因爲，若你的財產只是持有一種貨幣，萬一該種貨幣一口氣貶值下跌很多，整體資產就可能受到嚴重的影響了。而由追逐利潤的角度來看，每個區域(或國家)經濟成長是不一樣的，分散幣別，有助於跳出原有的框框選擇更有機會的投資區域。

以一般上班族而言，要分散貨幣投資最簡易的管道就是購買海外基金，初期若不熟悉基金可以先由小額定期定額基金開始一邊投資一邊學習。若已經有心得了就可以申購單筆海外基金再開外幣定存，隨時檢測自己的投資效益與行情走勢，那邊獲利預期高就把錢「搬」那邊，因爲搬來搬去都是外幣帳戶進出，就不需轉換成新台幣，也可省下匯率轉換的成本。

當然，投資海外最重要的還是資金的安全性問題，以國外基金公司發行的外幣計價海外基金爲例，在國內合法銷售管道目前只有銀行指定用途信託資金，而且必須經過證券暨期貨管理委員會核備，才可以合法銷售。目前成立時限未滿二年、有投資衍生性金融商品等等的海外基金都不符合申請核備的標準，像是認股權證基金、避險基金等，都無法在台合法銷售。但還是有不肖的業者偷偷銷售，投資時不可不慎。

投資風險分散 3

貨幣分散

美元
歐元
日元
選擇不同的強勢貨幣，那邊升值都有利

Column

外幣資產

外幣資產最常用的理財工具莫過於外幣定存、外幣計價的債券與股票型基金。

其中又以美元、歐元、日元三大國際貨幣為主要標的。

第十二節
股票─國民投資工具

理財工具很多，本書介紹最常見也最具代表性的投資工具─股票，當成是投資學習的第一步。

什麼是股票

股票是股份有限公司爲籌集資本而向出資人發行的股份憑證。擁有股票代表憑證持有者(即股東)對公司的所有權。

只要是公司股東都可以參加股東大會、投票表決、參與公司的重大決策、收取股息或分享紅利等。

舉例來說，小美和朋友一共5個人一起合開公司，每人出資20萬，總資本額就是有100萬，也就是說每個人擁有這家公司的20%股權。

爲了證明出資的五個人均有這20%的公司權利，於是設計了一種投資憑證，這憑證就叫股票，而每位擁有這個憑證的人就叫股東。

股利與差價

股票憑證以1000股爲一個單位(一張)。一般買賣股票都是以「張」爲單位進行交易，但是也可以只買「股」。假設你看到報紙上A公司的股價是60元，你買一張價格就是60元×1,000股=6萬元。如你只有買50股，價格就是60元×50股=3仟元。

買賣股票最主要的獲利來源是：股利和差價。

股利，基本上就像我們跟朋友投資合開公司，公司獲利後所得的分紅一樣。當我們所買的股票營運有盈餘的時候，公司就會把紅利分配給股東。而這種股利又分爲現金股利與股票股利。

比方說你買了三張A公司的股票3,000股(三張)，若他們決定配發1元現金股利，那麼，你的股利將是3,000元現金：

3,000股×1元=3,000元

投資股票另外一項獲利來源就是賺取差價。

股票跟地產一樣，價格是會隨著市

投資股票如何獲利

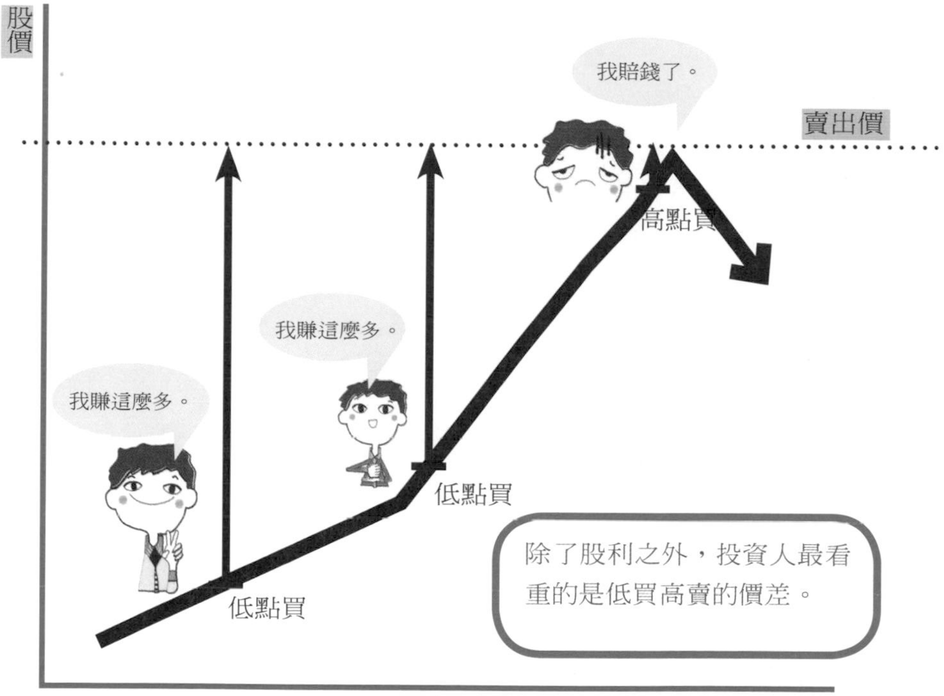

Column

高股息股票

每年靠股息報酬就能「打敗定存」的股票，而且公司具有穩健經營的特點。

雖然它可以讓投資人不必天天急著衝進衝出，但買高股息股票，還是要留心產業景氣。一般高股息股票的走勢都相對穩定，少出現大漲大跌的情況。

以國內來講，長期配息穩定的股票如台塑集團、三大電信股等，算是價值型投資的標的。

場變化而波動的。如果你今年買A公司股票價格是60元，明年賣掉的時候市價是70元，每一張股票就可以賺取其中差價：

(70−60)×1,000股=1萬元。

買賣股票的成本

只要買賣股票的交易成立，投資人就必須付買進、賣出的手續費及證券交易稅。因為投資人是捨棄了比較安全的資金(比方說錢放銀行定存)去追求股票的風險性收益，所以，在計算投資的成本時，也應該把「假設錢本來是存在銀行的利息」算進成本，計算投資損益會比較客觀。

因此，投資股票的相關成本會有以下四項：

⑴買進手續費：買進價格×0.1425%

⑵賣出手續費：賣出價格×0.1425%

⑶證交稅：賣出價格×0.3%

⑷資金的利息成本：買進價格×銀行年定存利率×投資年數

總計以上四項成本加上本金就是「投資金額」。

股票投資報酬率=獲利÷投資金額×100%

● EXAMPLE

小美在2004年2月買了市價50元的股票1張，在2007年年2月以75元賣出。如果當時的銀行三年期定存年利率是7%，這筆股票投資小美的獲利率是多少？

⑴先算出三年的總投資金額：10903元

A：以50元買股票時手續費：

50,000×0.1425%≒71

B：三年後以75元賣出手續費：

75,000×0.1425%≒107

C：賣出時國家會課的稅是：

75,000×0.3%≒225

D：如果當初沒有買股票，而是把本金放定存，將取得利息：

50,000×7%×3=10,500

E：為了賺取利息，小美一共付出了：

71+107+225+10,500=10,903

⑵算出投資報酬率是：28%

A：賣掉股票獲得的利潤：

(75−50)×1,000=25,000

B：眞正由股票的獲利：

25,000−10,903=14,097

C：小美的投資報酬率：

14,097÷50,000×100%=28%

買賣股票的成本

項目	費用	説明
1	買進手續費	**買進價格×0.1425%**
2	賣出手續費	**賣出價格×0.1425%**
3	證交稅	**賣出價格×0.3%**
4	資金利息成本	**買進價格×銀行年定存利率×投資年數**

報酬率

總計以上四項成本加上本金就是「投資金額」。

投資報酬率=獲利÷投資金額×100%

Column

股票殖利率

在債券市場中，殖利率是指投資債券至到期日這段期間的投資報酬率。

在股票市場中，殖利率是將股利除以股價計算而得。通常會與銀行利息相比，若股票殖利率高於銀行利息，則該檔個股的持有報酬率就優於銀行。

• 國家圖書館出版品預行編目資料

破產上天堂.1，我的現金流/新米太郎著.—
初版.—臺北市：恆兆文化，2006「民95」
面； 公分
ISBN 986-82173-1-8(平裝)
1.家庭經濟 2.理財
421 95007165

破產上天堂 1

我的現金流

出版所	恆兆文化有限公司 Heng Zhao Culture Co.LTD www.book2000.com.tw
作　　者	新米太郎
美術編輯	張讚美
責任編輯	文喜
插　　畫	韋懿容
電　　話	+886.2.27369882
傳　　眞	+886.2.27338407
地　　址	台北市信義區吳興街118巷25弄2號2樓 zip:110,2F,NO.2,ALLEY.25,LANE.118,WuXing St., XinYi District,Taipei,Taiwan
出版日期	2006年6月初版
ISBN	986-82173-1-8(平裝)
劃撥帳號	19329140 戶名 恆兆文化有限公司
定　　價	220元
總 經 銷	農學社股份有限公司 電話 02.29178022